AF500578

LEÇONS

SUR

L'HISTOIRE NATURELLE

DES CORPS ORGANISÉS,

PROFESSÉES AU COLLÈGE DE FRANCE

PAR M. G. L. DUVERNOY, D. M. P.,

CHEVALIER DE LA LÉGION D'HONNEUR, ANCIEN PROFESSEUR A LA FACULTÉ DES SCIENCES DE PARIS, ANCIEN DOYEN DE CELLE DE STRASBOURG, CORRESPONDANT DE L'ACADÉMIE ROYALE DES SCIENCES DE L'INSTITUT, ET DE L'ACADÉMIE ROYALE DE MÉDECINE, MEMBRE RÉSIDENT DE LA SOCIÉTÉ PHILOMATIQUE DE PARIS ; DE L'ACADÉMIE IMPÉRIALE DES CURIEUX DE LA NATURE; DE L'ACADÉMIE ROYALE DES SCIENCES DE TURIN, DE L'ACADÉMIE IMPÉRIALE DES SCIENCES DE SAINT-PÉTERSBOURG, DES SOCIÉTÉS ET ACADÉMIE DES SCIENCES, DE MÉDECINE ET D'HISTOIRE NATURELLE DE STRASBOURG, BESANÇON, LILLE, DE WETTERAVIE, DE MAYENCE, DE FRIBOURG, DE HEIDELBERG, DE BRUXELLES, ETC.

DEUXIÈME FASCICULE,

COMPRENANT LE PROGRAMME DES COURS DE 1840 ET 1841, ET UN ESSAI SUR LE CARACTÈRE ACTUEL DE L'HISTOIRE NATURELLE DES ÊTRES ORGANISÉS.

PARIS.

IMPRIMÉ CHEZ PAUL RENOUARD,

RUE GARANCIÈRE, N° 5.

1842.

COURS

SUR L'HISTOIRE NATURELLE

DES

CORPS ORGANISÉS,

COMMENCÉ LE 9 DÉCEMBRE 1840.

PREMIÈRE LEÇON.

DISCOURS D'OUVERTURE.

MESSIEURS,

L'histoire de la vie, de ses conditions et de ses phénomènes est la tâche immense prescrite au professeur qui occupe cette chaire.

L'organisation étant la première condition de la vie, on ne peut comprendre celle-ci qu'en étudiant préalablement cette organisation : voilà pourquoi la science adopte comme synonymes, les mots de corps organisés et de corps vivans; voilà pourquoi encore cette chaire, dont le sujet est proprement l'histoire de tout ce qui a vie, a cependant pour désignation l'*Histoire naturelle des corps organisés*.

En commençant, pour la troisième fois, la tâche difficile de vous initier dans les mystères de cette science, je crois devoir vous entretenir quelques instans de la manière dont j'ai envisagé ma tâche, dont je me suis efforcé de la remplir dans les deux cours précédens.

Mes enseignemens successifs, considérant sous des points de vue divers la vaste science de l'histoire naturelle des corps organisés, ou traitant de quelqu'une de ses parties, se liant les unes aux autres dans le *plan général* que j'ai adopté, finiront par compléter cette histoire, autant du moins que cela dépendra de mes forces et de mon zèle.

Dans les premières leçons de mon premier cours, après avoir consacré un juste hommage, un hommage de cœur au Maître illustre (1) auquel j'avais l'insigne honneur de succéder, j'ai dû commencer par une exposition franche et loyale des doctrines qui feraient la règle de mon enseignement.

Les doctrines sont la vie des sciences, comme celle des lettres; elles peuvent les montrer dans toute leur vérité, dans toute leur beauté sublime, ou les présenter sous un aspect illusoire, qui nous dérobe cette vérité et ne nous permet de l'entrevoir qu'à travers les nuages de l'erreur.

En histoire naturelle surtout, les doctrines peuvent avoir les plus graves conséquences sur la moralité de ceux qui se livrent à cette belle science. Celui qui ne voit pas comme *Bonnet*, dans la *contemplation de la nature*, la pensée sublime, l'intelligence suprême de l'auteur de toutes choses; le professeur d'histoire naturelle qui ne dit pas en commençant sa carrière, comme le grand *Linné* lorsqu'il entreprenait l'immense tâche de nommer, de caractériser et de classer tous les êtres connus : *Narrabo tua mirabilia, Domine! Seigneur, je raconterai tes merveilles!* Ce lui-là, dis-je, est bien près de s'égarer et de conduire ses auditeurs dans un labyrinthe de conjectures et de forces créatrices, d'où il ne pourra sortir que pour tomber dans le vague du panthéisme ou dans l'abîme de l'athéisme.

Je n'ai pas hésité de faire immédiatement ma profession de foi sur ce grand principe de mon enseignement, et dans tous les détails où je suis entré, dans la suite de mes leçons, je me suis appliqué à faire remonter les pensées, l'intelligence de mon auditoire, vers la pensée créatrice, vers l'intelligence conservatrice de ces êtres, dont je venais de décrire les admirables ressorts.

Après ma profession de foi sur les doctrines que j'adopterais dans mon enseignement, j'ai dû, en commençant ma carrière au

(1) M. Cuvier.

Collège de France, la mesurer tout d'abord, et présenter à mes auditeurs *une esquisse serrée* des derniers progrès de la science et de son état actuel.

Les faits positifs, les découvertes fondamentales ont été groupés, dans cette esquisse, en trois catégories, qui correspondent à autant de parties, dans lesquelles je divise, depuis treize années, l'*Histoire naturelle.*

Ils se rapportent en effet, en premier lieu, à l'histoire naturelle classique ou systématique des êtres, qui comprend à-la-fois leur nomenclature, leur description et leur classification.

Ils se rapportent, en second lieu, à leur histoire naturelle physiologique, ou à tout ce qui peut contribuer à faire *connaître leur nature.* Ce sont, pour les corps organisés, tous les détails de leur organisation, et des phénomènes qu'elle produit dans l'état de vie.

Enfin, ils se rapportent, en troisième lieu, aux considérations les plus générales sur les *lois de l'organisation et de la vie*, sur les rapports des êtres entre eux, sur leur distribution à la surface du globe. L'ensemble de ces dernières considérations *constitue l'Histoire naturelle philosophique.*

Cette esquisse imprimée des derniers progrès de la science, considérée sous ces trois principaux points de vue, est une suite, un supplément d'une première esquisse, également imprimée, que j'avais faite en 1827 pour un autre discours d'ouverture, et qui comprenait une revue générale des progrès de l'histoire naturelle, dans les vingt-sept premières années du siècle actuel.

Après avoir ainsi mesuré ma carrière, je me suis appliqué, dans ce premier cours, à faire connaître l'organisation, cette première condition de la vie, dans ses plus grandes généralités, dans ce qu'elle a de plus difficile à bien apprécier; mais aussi de plus intéressant à pénétrer, parce que c'est là que se passent les mystères de l'existence ; je veux parler de la structure intime de cette organisation.

Les élémens organiques, les organes élémentaires, les systèmes d'organes, autant qu'ils composent les organismes des *végétaux* et des *animaux,* ont été d'abord le sujet de nos études. Nous avons pu ainsi saisir ce que les deux règnes ont de commun, ou d'essentiellement différentiel dans leur organisation générale. Nous avons passé ensuite une revue rapide des organes circonscrits et des appareils d'organes, autant qu'ils se rapportent aux deux grandes fonctions communes à tous les corps organisés, celles de *nutrition* et de *propagation ;* et nous avons montré comment les individualités végétales et animales se conservent par la nutrition ; comment elles se succèdent par la propagation.

Je me suis efforcé, dans ce premier cours, de donner un exposé fidèle de l'état de la science ; de cette science si vaste, si difficile à suivre dans ses progrès ; qui change presque journellement de face, comme un véritable protée, par suite de ces mêmes progrès, dont il faut saisir, dans sa marche rapide, les caractères essentiels et les phases si variées.

Pour être à-la-fois un historien exact et complet, on doit non-seulement l'étudier dans la nature, d'après les propres directions de son esprit et de son expérience ; mais encore dans les annales scientifiques de toutes les nations, afin d'achever le tableau d'une science cosmopolite, qui ne peut être fidèle qu'à cette condition.

Ce premier cours, j'ose le dire, n'a pas manqué de points de vue nouveaux auxquels on n'avait pas pensé avant nous, ou qui étaient trop négligés ; auxquels du moins on ne donnait pas le degré d'importance qu'ils méritaient.

Je citerai entre autres :

1° L'étude de la forme et l'appréciation des différences qu'elle présente dans les êtres vivans, comme expression de leur organisme, mis en rapport avec le monde extérieur.

2° La distinction du fluide nourricier en usage, comparé aux substances nourricières en réserve : c'est sous ce dernier point de vue que nous avons envisagé certains amas de *graisse* dans les animaux, qui servent à renouveler le fluide nourricier chez ceux qui hivernent et réparent ses pertes ; la *fécule*, dans les végétaux, qui donne à la sève du printemps ses propriétés nutritives, et doit être considérée comme la cause la plus prochaine du développement des bourgeons et de la première floraison dans nos climats.

3° La comparaison des réservoirs du fluide nourricier dans les deux règnes, et une classification nouvelle de ces réservoirs chez les animaux.

4° Le caractère distinctif le plus général de l'animalité indiqué dans la faculté contractile et d'expansion de la *substance animale*.

5° La *distinction* des deux opérations essentielles de la fonction d'alimentation, dont la première est une analyse, et consiste dans la désagrégation des substances alimentaires par des moyens mécaniques et chimiques ou seulement chimiques; et dont la seconde est une synthèse, ou la combinaison de celles de ces molécules qui sont propres à composer le fluide nourricier.

6° L'annonce d'une digestion extérieure, dont la peau ou les appendices de quelques animaux marins ont la faculté, par la sécrétion d'un suc acide, analogue au suc gastrique des animaux supérieurs; dont l'action sur une proie la réduit promptement à l'état moléculaire, et prépare par cette opération, qui est la digestion proprement dite, l'absorption des molécules propres à composer le fluide nourricier, ou la seconde opération de la fonction d'alimentation.

7° La démonstration, par ces exemples, que l'existence d'un sac alimentaire n'est plus un caractère qui *distingue absolument et sans exception* l'organisme animal de l'organisme végétal.

8° Nous en avons tiré cette conclusion importante, que *les fonctions sont plus permanentes, plus générales* que *les organes spéciaux* qui les *exercent;* et que, dans les animaux les plus simples, tel organe, chargé d'une fonction générale, peut encore devenir l'instrument d'une fonction spéciale.

9° La considération que tout corps organisé a deux degrés de nutrition, qui le caractérisent aussi essentiellement que la composition générale de son organisme; lequel est formé de deux parties, le *fluide nourricier* et les *capacités* à parois plus ou moins solides dans lesquelles se meut ce fluide.

La nutrition du premier degré est celle du fluide nourricier;

elle est la conséquence immédiate de l'*alimentation*, ou de la composition de nouvelles parties de ce fluide par l'action des organes de ce nom sur les substances alimentaires.

La *nutrition du second degré* est celle des parties solides ou des fluides étrangers au fluide nourricier, qui prennent, dans ce dernier, toutes les molécules nutritives propres à augmenter leur masse et à réparer leurs pertes.

Je ne parle pas des détails sur certains appareils d'organes ou sur certains organes, dont la connaissance a été le résultat de mes anciennes et de mes plus récentes recherches d'anatomie comparée.

10° De cette forme du *foie* des Mammifères, si vague, si embrouillée dans les auteurs, dont les différences sont devenues si claires, si précises, si faciles à décrire depuis la découverte de la forme type de ce viscère dans son plus haut degré de composition; et l'appréciation des parties qui disparaissent successivement dans sa composition la plus simple, dans laquelle il n'a plus que ses lobes essentiels, que ses parties principales.

11° Je ne fais non plus qu'indiquer la découverte de ce *diaphragme actif* qui se voit entre les deux séries de lames branchiales de certains poissons et qui mérite bien davantage le nom de diaphragme, que la cloison passive qui conserve ce nom dans la même classe.

Malgré ces aperçus nouveaux, ou cette démonstration d'une organisation mieux connue, dont on pourra voir le développement dans mes publications particulières, et dans la *nouvelle édition des Leçons d'anatomie comparée de G. Cuvier* ; je n'ai pas un instant perdu de vue que j'avais pour tâche d'exposer la science complète, du moins dans l'une de ses parties, et que mon devoir était de m'effacer, autant que possible, *derrière le tableau général* de cette belle science des corps organisés, propriété de beaucoup de savans illustres, dont j'ai eu soin de citer les noms, de montrer même les ouvrages, afin de donner immédiatement, à mes auditeurs, l'envie, le besoin de puiser dans les sources originales (où sont consignées les observations directes) des connaissances plus détaillées que celles qu'on peut acquérir dans les rapides entretiens de quelques leçons.

C'est ainsi que j'ai compris ma première tâche, que je me suis efforcé de transmettre à mes auditeurs une instruction solide sur cette science si attachante de la nature organisée et vivante.

Le cours précédent a eu pour sujet la *génération* et la *germination* des corps organisés.

C'était reprendre l'histoire de la vie dans son principe, dans son origine.

Cette grande question a été traitée dans tous ses détails, mais seulement dans ceux qui concernent les *animaux vertébrés*.

Nous avons vu successivement l'organisation spéciale et générale qui distingue les sexes et les phénomènes généraux ou particuliers qu'elle produit sous ce rapport.

Cette revue nous a fourni l'occasion de faire connaître les organes et les phénomènes variés de la voix, comme appartenant à des différences sexuelles importantes, à des phénomènes vitaux, liés essentiellement, chez les animaux, à la *fonction de la génération*.

L'histoire si remarquable des *prétendus animalcules spermatiques*, que de grandes autorités considèrent encore comme des parasites de la semence; que la science plus saine envisage comme faisant une partie aussi essentielle du liquide fécondateur, que les globules qui entrent dans la composition du fluide nourricier lui sont essentiels; qui servent, en effet, au mécanisme de la fécondation; qui sont contenus, chez certains animaux, dans des machines plus compliquées, propres à les transporter vers l'ovule, et qu'on appelle, à cause de cet usage, *spermatophores*. Ces machines animées, que nous avons proposé, dans nos Cours précédens, de désigner sous le nom de *spermazoïdes*, ont été le sujet de nos études prolongées, de nos observations multipliées, études et observations qui répondaient aux nombreux progrès que la science a faits dans ces derniers temps; qu'elle faisait, pour ainsi dire encore, au moment même où nous nous occupions de ce sujet intéressant.

Le développement successif du germe dans l'œuf fécondé des animaux vertébrés a été traité plus particulièrement dans nos leçons du semestre d'été.

Nous avons vu la composition de l'œuf avant et après sa fécondation ; les changemens qui s'opèrent dans l'œuf fécondé ; les progrès que l'incubation intérieure ou extérieure fait faire au développement du germe ; la nature nerveuse des premiers linéamens de ce germe ; comment l'organisation s'y complique successivement, en produisant, en faisant germer autour de l'axe nerveux générateur, les autres parties de l'organisme qui doivent être, pendant toute l'existence, au service de ce premier instrument de la vie, de ce système nerveux, partie matérielle primitive et dominatrice de tout être animé et sensible, à rouages multiples.

Déjà, dans cette suite de leçons, nous avons eu l'occasion d'étudier une partie très intéressante du sujet que nous devons traiter dans le cours qui commence aujourd'hui, le développement de la première période de la vie, de cette période qu'on appelle *vie embryonnaire, vie d'évolution.*

Le cours actuel nous donnera l'occasion, ainsi que nous le dirons tout-à-l'heure, de compléter ce que nous devions exposer sur l'embryogénie dans le cours précédent, en parlant aussi de celle des animaux sans vertèbres.

Mais nos études ne se borneront pas au développement du germe : elles auront pour objet le développement de toute sa vie. Nous traiterons, ainsi que l'exprime le programme général des cours de cet établissement, des métamorphoses ou des *changemens principaux qui ont lieu dans la forme et la structure des corps vivans, depuis la première apparition de leur germe, jusqu'au terme de leur existence et des phénomènes de leur vie, correspondant à ces changemens.*

La leçon d'aujourd'hui aura principalement pour objet de commenter ce programme général et de vous exposer comment j'ai compris cette nouvelle tâche, et quelle marche je me propose de suivre pour la remplir utilement?

Étudier les êtres vivans sous le point de vue de leurs *métamorphoses* ou des principaux *changemens* qui ont lieu dans leur *forme* et dans leur structure pendant tout le cours de leur existence, signaler les rapports de ces changemens de forme et de structure avec les phénomènes de la vie, c'est embrasser à-la-fois, dans un même plan, tout ce que la vie a de constant et tout ce qu'elle a de variable. En analysant ainsi ses *vicissitudes*, qu'on me permette ce terme, dans chaque être vivant, nous arriverons à découvrir ce que cet être a de plus caractéristique.

Il semblera, au premier énoncé de notre plan, qu'il comprend toute l'histoire naturelle des êtres vivans; car leur existence ne se manifeste à nous que par une suite de changemens, de transformations successives, sensibles, ou peu marquées, qui commencent avec leur germe, et qui ne s'arrêtent qu'à leur mort; qui continuent même après le dernier terme, jusqu'à ce que ces formes matérielles, qui excitaient l'admiration lorsqu'elles étaient animées du souffle de vie, ont disparu sous l'influence des forces physiques.

Je vous prie de remarquer que notre plan n'est pas aussi vaste qu'il pourrait le paraître tout d'abord; que nous ne devons nous arrêter, dans cette revue générale de tout ce qui a vie, qu'aux *principaux changemens*, qu'aux changemens les plus intéressans à étudier dans leur rapport avec l'histoire naturelle générale ou particulière; et que nous serons libres, en parcourant les différens groupes du *Règne animal*, pour les considérer sous ce grand point de vue, de nous arrêter à telle famille ou à tel genre qui nous offrira, relativement au sujet de nos études, les circonstances organiques ou phénoméniques les plus intéressantes à signaler à votre attention.

Une *introduction*, que je crois nécessaire ou du moins utile, fera le sujet de deux ou trois leçons suivantes. J'y prendrai à tâche de vous tracer une esquisse de l'*organisation et des fonctions de tous les corps organisés.*

Cette esquisse comprendra, entre autres, une *appréciation raisonnée de leur forme*, afin de vous faire pressentir toute l'importance des changemens de forme qui doivent faire l'objet de ce cours. Elle devra vous rappeler surtout l'*idée générale* de la composition organique des animaux, afin de partir de ce point de vue général, pour dérouler les différences auxquelles nous devrons nous arrêter. Cette esquisse devra comprendre, en dernier lieu, l'énoncé et l'appréciation succinctes des fonctions générales dont l'ensemble compose le grand phénomène de la vie; afin de pouvoir apprécier l'importance des phénomènes particuliers et plus ou moins variables, dont la succession est en rapport avec les changemens organiques que nous devons faire connaître dans chaque classe.

Après ces premières généralités, je vous exposerai rapidement la classification du règne animal, telle que je l'adopte, dans le but de vous faire connaître l'ordre que je mettrai dans l'*exposition des détails*.

Dans la partie essentielle de ce cours, à laquelle nous arriverons promptement, après les quelques leçons consacrées à cette introduction, nous étudierons d'abord et successivement sous les divers points de vue déjà énoncés, toutes les *classes du règne animal*, en commençant par les *classes inférieures*.

Si le temps nous le permet, nous comparerons plus tard, les *métamorphoses* non moins remarquables du *règne végétal*, avec celles que nous aurons appris à connaître dans le *règne animal*.

Sans doute *ce grand cadre* ne pourra être rempli complètement, faute de faits, faute d'observations qui pourraient s'y rapporter.

Nous aurons soin, dans ce cas, de vous signaler les lacunes de la science, leur degré d'importance, et de provoquer les recherches nécessaires pour les remplir. Voici d'ailleurs, plus particulièrement, la marche que nous nous proposons de suivre, une fois entrés en matière dans le sujet particulier de ce cours.

Nous prendrons successivement chaque *type* du règne animal, chaque classe de ce type, et nous exposerons rapidement les caractères les plus importans, les plus essentiels de ces deux premiers groupes, soit organiques, soit vitaux, soit ceux qu'ils présentent dans leur distribution géographique, et le nombre des espèces qui les composent, afin d'en déduire le rôle qu'elles jouent dans l'économie générale de la nature.

Ce n'est qu'après cette *revue générale*, ce n'est qu'après avoir établi cette base de nos développemens ultérieurs, que nous suivrons quelques-unes des espèces de telle ou telle famille, de tel ou tel ordre de la même classe dans les *phases de sa vie*; autant du moins que la science actuelle en aura consigné l'histoire dans ses annales.

Disons à présent comment nous diviserons ces *époques de la vie des animaux*, ou ces phases de leur existence. Nous en distinguerons cinq, toujours faciles à reconnaître dans les animaux supérieurs; mais dont plusieurs peuvent se confondre dans les animaux inférieurs.

1° La *première époque* est la *vie embryonnaire* ou de *développement* dans l'œuf, ou d'*évolution* du germe; c'est encore l'époque d'*incubation.*

2° La *seconde époque* est la *vie d'éducation* ou de *premier développement externe*, de première enfance pour les animaux supérieurs; la vie *mammaire* ou d'allaitement pour les Mammifères; la vie durant laquelle, chez les *oiseaux*, les petits sont nourris par les soins de leurs parens.

3° Vient ensuite la vie d'accroissement, la vie de *nutrition indépendante* durant laquelle l'animal se procure lui-même sa nourriture.

4° Cet accroissement étant parvenu à un certain terme, l'animal, à la suite de métamorphoses générales ou particulières, entre dans la quatrième époque de la vie, celle de *propagation.* Cette quatrième époque termine plus ou moins rapidement son existence, ou bien elle se prolonge en empiétant sur la cinquième et dernière phase de sa vie.

5° Sur celle d'*enveloppement*, dans laquelle les organismes s'encombrent de parties solides dont la mesure, lorsqu'elle est comble, arrête le mouvement de la vie et amène irrévocablement son dernier terme.

Permettez-moi de vous indiquer succinctement quelques-uns des principaux traits qui caractérisent ces époques de la vie animale, et de vous donner, comme en perspective, une vue générale des changemens que nous aurons à vous signaler.

La vie de développement intérieur, d'évolution du germe dans l'œuf durant l'incubation, commence avec la conception, dans la génération sexuelle, et finit par l'éclosion ou la rupture des enveloppes de l'œuf, qui permettent à l'embryon de vivre dans un milieu respirable, l'air atmosphérique ou l'eau.

Durant cette première phase de sa vie, ses premiers linéamens, qui n'avaient l'apparence que d'une tache opaque, la tache germinative, aperçue à travers les parois d'une vésicule transparente, constituent bientôt l'axe des centres nerveux, du moins dans les animaux vertébrés. C'est autour de cet axe, c'est autour de ce foyer d'activité, qu'apparaissent et germent successivement le cœur, le canal alimentaire, les organes des sens, les membres, les parois viscérales, les organes de sécrétion et de génération. Cette succession se fait toujours dans le même ordre, et ce travail général d'évolution de tout l'organisme une fois clos par la composition des tégumens, l'animal fait effort pour rompre sa prison et pour passer dans la vie de premier développement externe : c'est le commencement de cette seconde vie qu'on appelle la naissance.

1° La première, celle de *développement interne*, nous montrera chez tous les animaux, les changemens organiques les plus sensibles; nous verrons certains organes transitoires (les corps de Wolff) paraître et disparaître durant cette courte époque. D'autres organes subsistent pendant la seconde phase de la vie; mais ils perdent de leur importance et se rapetissent considérablement (le thymus); d'autres persistent toute la vie, mais le petit volume proportionnel qu'ils conservent (les reins succenturiés) montre que leur rôle a beaucoup perdu de son influence; d'autres se présentent avec des formes (l'utérus) qui se modifient singulièrement avec l'âge.

En un mot, cette époque de formation apparente de tout l'organisme, est aussi celle de changemens très remarquables, non-seulement dans la forme générale et les dimensions de l'embryon; mais encore dans la composition organique, dans l'existence et la forme de certains organes, et surtout, ce qui est d'une grande importance en physiologie, dans la structure de ses organes.

Les organes de sécrétion en particulier ont montré, à cette époque de la vie, une structure que j'appellerai primitive, plus facile à développer que dans les âges plus avancés, et qui jette un grand jour sur les questions difficiles de leur structure définitive. Sous ce rapport, l'étude approfondie de l'évolution de l'embryon et de tout ce qu'on peut découvrir dans sa structure intime, a été poussée fort loin de nos jours par plusieurs physiologistes célèbres, dont nous signalerons les noms à votre reconnaissance.

Cette étude caractérise une nouvelle ère de la physiologie, que je puis me flatter d'avoir vu commencer en 1804 et en 1805 dans le laboratoire de M. Cuvier, au Jardin-des-Plantes, par les recherches *sur la structure différentielle des embryons de Mammifères*, entreprises dans ce temps déjà si loin de nous, par feu mon célèbre ami *Frédéric Meckel*, que j'assistai dans ce travail, comme il m'assistait lui-même dans les recherches assidues que je faisais, à cette époque reculée, pour ma coopération à l'ouvrage des *Leçons d'anatomie comparée de G. Cuvier*, mon illustre maître. Ces premières recherches de *F. Meckel*, si intéressantes pour l'histoire d'une science nouvelle, de l'*Embryogénie*, ont été consignées dans sa première publication qui date de 1806; je veux parler de ses Mémoires d'*anatomie et de physiologie humaine et comparée*. (1)

2° La *vie de premier développement* extérieur, cette vie éducatrice à laquelle les parens contribuent par les soins qu'ils donnent à leur progéniture; soit en la faisant naître, comme beaucoup d'insectes, au milieu d'une nourriture abondante, préparée avec une prévoyance instinctive qu'on ne se lasse pas d'admirer; soit en lui préparant cette nourriture par un commencement de digestion dans leur premier estomac, comme certains oiseaux, soit en la choisissant plus substantielle comme d'autres oiseaux; soit en la leur fournissant de leur propre sang, comme les Mammifères, par la sécrétion de leur lait.

Cette seconde phase de la vie animale nous offrira des limites assez bien tranchées dans les animaux supérieurs; aussi bien dans les phénomènes qu'elle présentera à vos méditations, que dans son organisation.

Pour la généralité des animaux, elle commence sans doute à une époque déterminée; elle s'accompagne alors de changemens dans la vie de nutrition et dans la respiration très faciles à distinguer et à apprécier; mais elle peut se confondre ensuite avec

(1) Voir ce qu'il dit page 3 de la préface de ses *Mémoires sur l'anatomie et la physiologie humaine et comparée*. Halle, 1806.

la troisième époque, celle de l'*alimentation* et de l'*accroissement indépendans.*

3° Dans cette *troisième époque,* l'animal de toutes les classes est apte à se procurer sa nourriture; cette nourriture est prise, à proportion, avec plus d'abondance qu'à aucune autre époque de sa vie.

Certains animaux dont l'accroissement est rapide, les Chenilles, assimilent des quantités d'alimens qui montrent, qu'à cette phase de leur existence, la puissance assimilatrice est arrivée au plus haut degré de son énergie. La forme change, ou du moins se modifie avec l'accroissement dans toutes les dimensions, mais surtout en longueur; enfin, l'animal atteint celles qui sont assignées à son espèce, celles qui sont possibles à son organisme, dans les circonstances où il se trouve; il arrive ainsi à la quatrième époque de sa vie, à la vie de *propagation.*

Chez la plupart des animaux, le passage de la vie d'accroissement à la vie de propagation n'a pas de limites précises. Je m'explique : à une certaine époque de la vie d'accroissement, les organes qui doivent servir à la propagation sexuelle, après s'être développés, pour ainsi dire insensiblement, prennent rapidement un accroissement et un surcroît d'énergie vitale qui en provoquent l'usage : alors *commence la vie de propagation.* Mais chez beaucoup d'animaux, l'accroissement peut encore continuer, et la vie d'accroissement empiéter sur celle de propagation. Chez d'autres animaux, il y a des limites précises entre ces deux vies; elles sont même séparées par une époque de transformation, par une métamorphose incompréhensible, qui fera l'un des sujets les plus intéressans de nos observations et de nos méditations.

Cette Chenille que vous avez vue croître si rapidement en dévorant la feuille du mûrier, se file un tombeau de soie dans lequel elle s'enferme; son activité vitale passe tout entière dans le papillon qu'elle nourrissait en elle (1); l'organisme de celui-ci s'y développe promptement comme le germe de la Chenille s'était

(1) Ces expressions ne pourront être bien comprises qu'après avoir été commentées, pour ainsi dire, dans plusieurs Leçons.

développé dans l'œuf, et bientôt sortira de ce tombeau si artistement tissé, un être nouveau qui n'est plus condamné à ramper sur le sol ou sur les arbres. Vous le voyez, à cette dernière époque de sa vie, déployer dans les airs où il se joue, ses ailes à-la-fois si puissantes et si légères ; on dirait la partie la plus vitale de la Chenille, dégagée, quoique incomplètement, du poids de la matière.

Que de changemens organiques cette complète métamorphose nous donnera lieu de vous signaler! Le Papillon ne croît plus, il n'arrive à cet état de perfection que pour se propager, et sa vie se termine promptement après qu'il a rempli cette fonction, qui épuise le principe de son existence en le partageant, et en le communiquant à d'autres germes. Exemple frappant d'une loi à laquelle aucun être vivant ne peut se soustraire, et qui devrait faire le sujet sérieux des méditations de l'homme moral ; afin de l'arrêter dans une voie où la flamme de sa vie s'éteindra d'autant plus vite, qu'elle aura brûlé plus active.

4° La vie de *propagation*; si remarquable par les métamorphoses qui la précèdent dans certains insectes, limitée chez eux, dans son principe, par cette singulière époque de transformations mystérieuses, est toujours distincte par des changemens dans l'organisme, très évidens, partiels ou généraux, et par un redoublement d'activité qui manifeste quelquefois des phénomènes physiques fort singuliers, une élévation de température et la phosphorescence. Cette époque, lorsqu'elle doit se prolonger, a ses intermittences de repos et d'action, et ses périodes d'activité, qui correspondent à des changemens organiques ou vitaux plus ou moins remarquables.

Lorsque la *vie de propagation* se prolonge, l'époque de nutrition, qui continue avec elle, tend continuellement à augmenter la proportion des parties solides sur les parties fluides. L'animal perd bientôt la faculté de se propager, il passe à la cinquième et *dernière phase de sa vie*, qui le conduit plus ou moins promptement au terme fatal.

5° *Vie d'enveloppement.*

Je désigne cette dernière époque par la dénomination de *vie d'enveloppement*, parce qu'elle indique à-la-fois une opposition à la vie de *développement* qui commence l'existence, et qu'elle montre en même temps le caractère essentiel de cette dernière époque, qui la termine.

En effet, les changemens physiques qui caractérisent cette époque semblent envelopper de plus en plus les organes par une matière inerte, solide, qui en diminue les facultés actives, qui encombre ces instrumens de la vie et finit par en arrêter le jeu; cette phase de l'existence est une lutte contre le dernier terme, elle y conduit par une pente plus ou moins rapide, par l'épaississement des tissus, par le ralentissement de la nutrition dans certains organes, tandis que l'activité vitale semble faire ses derniers efforts dans d'autres parties. Il en résulte des changemens dans la forme et le volume de plusieurs organes, une décoloration dans d'autres, qui caractérisent physiquement ce dernier âge de la vie. Les phénomènes de dégradation dynamique ne sont pas moins remarquables que ces dégénérescences matérielles.

Nous ne pourrons guère étudier cette dernière époque que chez les animaux domestiques et dans notre propre espèce.

Dans l'état de liberté complète, les animaux n'atteignent pas la décrépitude; ou bien cette décrépitude est si courte et si rapide, qu'à peine l'historien de la nature a-t-il pu l'observer et la décrire. Ils périssent à la fin de la vie de propagation, sans voir leur existence se prolonger au-delà de ce dernier but de leur existence.

Mais la domesticité permet la prolongation de cette existence au-delà du terme où elle peut se communiquer et la fait durer assez, pour que les changemens de la vieillesse et de la décrépitude puissent se caractériser.

L'homme seul, dont l'existence a un autre but, un but bien plus élevé que celui de nourrir l'écorce matérielle dont son MOI est enveloppé; exposé sans doute comme les animaux, et plus qu'eux, à cause de son industrieuse intelligence, à tous les inconvéniens d'une nutrition enveloppante, qui doit finir tôt ou tard et en proportion de ses habitudes, par encombrer son organisme; l'homme seul, dis-je, peut conserver cependant jusqu'au terme le plus avancé de sa vie, dans ses facultés intellectuelles et morales, qui le distinguent si éminemment, une indépendance de force et d'activité, une justesse de vue, que l'expérience perfectionne chaque jour. Son âme domine toute cette matière : elle reste, jusqu'à un certain point, indépendante des changemens qui s'opèrent dans son enveloppe périssable. Elle laisse apercevoir à travers cette enveloppe, ce rayon d'immortalité, émanation de l'Etre des êtres, de la Toute-puissance créatrice qui a fait l'homme à son image, et qui seule reste immuable au milieu de tous les changemens dont nos entretiens vous peindront quelques traits.

Nous étudierons successivement, et autant que possible, dans les différentes classes du règne animal, à chaque époque de la vie que nous venons de distinguer :

1° Les changemens dans la forme générale et dans les dimensions des individualités de ces classes ;

2° Les changemens dans la composition organique, dans l'apparition ou la disparition de certains organes, dont l'existence est passagère ;

3° Les changemens dans la structure et dans le tissu des organes ou des appareils d'organes qui composent les organismes à ces différentes phases de la vie ;

4° Les changemens enfin, dans les phénomènes vitaux, en rapport avec toutes ces modifications dans les organismes.

Si, par mes efforts soutenus, je parviens à remplir convenablement ce plan, que je crois nouveau, il ne peut manquer, il me semble, d'attirer votre attention, d'exciter tout votre intérêt, en vous mettant à même de faire sur toutes ces circonstances principales de la vie, les comparaisons et les réflexions les plus propres à vous en donner la connaissance la plus juste et la plus vraie, dans l'état actuel de la science.

C'est précisément cet état actuel, à l'instant même de nos entretiens, que vous avez le droit d'y venir chercher, que je m'engage de nouveau à vous transmettre.

Je ne croirais pas remplir convenablement ma tâche, si je me bornais à vous développer une seule idée ou un seul système ; il faudrait pour cela avoir le but et l'autorité d'un réformateur de la science ; but et autorité qui seraient loin d'être à propos.

J'espère, au contraire, vous transmettre sans alliage, non pas une idée, mais toutes les *idées*, toutes les *vérités fondamentales de la science qui se rapporteront à mon sujet*, et les faits principaux qui ont fait naître ces idées chez tous les savans, dont les efforts réunis ont constitué l'*histoire naturelle des corps organisés* dans son état présent.

Toutefois, cette exposition de la science sera une critique indépendante des faits et des propositions dont elle se compose, une appréciation de leur certitude et de leur justesse, en même temps qu'un triage des erreurs qui obscurcissent la *vérité*, à laquelle, en définitive, je continuerai de consacrer tous les efforts de ma vie.

COURS

SUR

L'HISTOIRE NATURELLE

DES CORPS ORGANISÉS,

COMMENCÉ LE 16 DÉCEMBRE 1841.

PREMIÈRE LEÇON.

DISCOURS D'OUVERTURE.

MESSIEURS,

Vous savez par le programme général des cours du Collège de France que nous devons étudier ensemble les *métamorphoses des animaux articulés* et celles des *animaux vertébrés*, ces deux types supérieurs du règne animal.

Ce sujet important est une suite de celui que j'ai traité dans mon dernier cours, dont les deux semestres ont été consacrés à l'étude des *animaux Rayonnés* ou des *Zoophytes*, et à celle des *Mollusques*, considérés de même sous le point de vue si intéressant de leurs métamorphoses.

Je chercherai d'abord à vous donner, dans cette première leçon, une idée générale de ce vaste et piquant sujet d'études; je vous ferai ensuite un exposé rapide du plan que j'avais adopté l'an passé, pour le traiter convenablement, me proposant de suivre encore ce plan, dans tous ses détails, pour le cours qui commence. Cette introduction me paraît indispensable pour les nouveaux auditeurs qui assistent à ce premier entretien. Quant à ceux avec lesquels j'ai déjà eu le bonheur de m'entretenir dans mon cours précédent, peut-être n'y trouveront-ils pas une inutile une oiseuse répétition, si je réussis à leur présenter cette idée générale sous un nouveau jour.

Nous terminerons cette introduction par un essai sur *le caractère actuel prédominant de l'étude des corps organisés.*

Le mot de *métamorphose*, pris dans son acception la plus ordinaire, exprime une merveilleuse transsubstantiation d'un être dans un autre, après laquelle un animal rampant (une chenille), est transformé, à une époque déterminée de sa vie, en un animal aérien (le papillon), dont les ailes l'élèvent et le soutiennent, le meuvent et l'agitent si légèrement dans l'atmosphère. Nous verrons que, dans cet exemple si étonnant, si digne de nos méditations, un germe que la chenille renfermait, qu'elle nourrissait dans son sein, s'est développé à ses dépens, avec sa propre substance, dans les derniers momens de son état de larve, dans les courts instans de transition de cette dernière forme à l'état intermédiaire qu'on appelle *chrysalide*, et durant ce dernier état. L'enveloppe dorée que revêt certaine chenille pour compléter cette étonnante transformation, et qui a donné lieu d'inventer le mot de *chrysalide* (forme dorée), pour caractériser en général cette époque de son existence, devient immédiatement un foyer d'activité extraordinaire, dans lequel s'achève la transposition de la matière organisée d'un système d'organes dans un autre; de telle sorte que le premier semble avoir entièrement disparu, et qu'il faut avoir vu le nouvel être sortir de cette enveloppe mystérieuse, pour être convaincu d'une aussi complète métamorphose.

On entend encore par le mot *métamorphose* les changemens de forme et de composition organique qui ont lieu dans le même organisme à une époque précise de son existence, de manière à modifier entièrement ses habitudes de vie. C'est ainsi qu'un insecte aquatique, une larve de *Libellule*, de *Frigane*, de *Semblide*, d'*Ephémère*, devient un insecte aérien. C'est ainsi que le *têtard* de la *Grenouille* ou du *Crapaud*, qui avait la forme allongée et conique d'un poisson, qui respirait de même par des branchies, germe successivement et développe les quatre extrémités, qui caractérisent l'animal transformé; perd ensuite celle qui terminait son corps et qui lui servait si puissamment à se mouvoir dans l'élément où il est né ; qu'il se dépouille de ses mâchoires cornées, en prend d'osseuses, qui sont élargies en demi-cercle et circonscrivent une vaste gueule, faite pour happer une proie ; change sa respiration branchiale et aquatique en une respiration pulmonaire et aérienne ; et ses habitudes de régime, qui, de végétal qu'il était, devient exclusivement animal. On appelle encore métamorphose, en histoire naturelle, mais une incomplète métamorphose, la pousse des ailes qui manquaient au premier âge de certains insectes (les sauterelles, par exemple), et qui se termine à l'époque où leur accroissement s'accomplit.

Les progrès de la science que nous devons vous enseigner, ont singulièrement étendu, de nos jours, l'idée qu'on doit se faire des métamorphoses, et l'acception que, dans son état actuel, il faut donner à cette expression.

Pour nous, l'*histoire des métamorphoses*, ainsi que l'indiquait le programme des cours du Collège de France de l'année qui vient de s'écouler, *est celle des principaux changemens de forme et de structure, qui ont lieu dans les corps organisés, depuis l'époque de la première apparition de leur germe jusqu'au terme de leur existence.*

C'est encore l'histoire des phénomènes de leur vie, corrélatifs ou contingens à ces changemens dans leur organisme.

Tout corps organisé naît d'un germe nourri, développé dans un être semblable à lui, et qui peut s'en détacher lorsqu'il a atteint un degré suffisant de volume, d'organisation et de force, pour avoir une existence indépendante, pour pourvoir, avec le secours de ses parens ou seul, aux besoins de cette existence. Mais, si l'on étudie cet être depuis que son individualité commence à se manifester dans les premiers linéamens de son germe ; depuis l'instant où une force inconnue, incompréhensible commence son activité dans ce foyer mystérieux où se montrent ces premiers linéamens, en ajoute d'autres, accumule et combine la matière, et l'arrange dans un ordre toujours admirable ; si l'on suit cette force organisatrice ou conservatrice de chaque être dans les phases de l'existence ; on la voit dominer cette matière avec une grande énergie pendant les premières époques de sa vie, et produire ce rapide tourbillon nutritif, formé essentiellement de deux courans, qui se meuvent en sens contraires. L'un est dirigé de dehors en dedans : il se compose des matériaux que cette force organisatrice et conservatrice prend dans les milieux ambians ou dans les cavités digestives des êtres qui en sont pourvus, et qu'elle fait entrer pour un temps dans la composition de l'organisme auquel elle préside.

L'autre partie de ce tourbillon, l'autre courant qui le complète, porte du dedans au dehors, et verse dans ce milieu respirable qu'habite l'être organisé, qui en est le point de départ, les débris de son organisme, les matériaux qui n'ont pu s'y fixer, ou qui s'en sont détachés, après en avoir fait partie pendant des intervalles très variables, suivant leur nature et celle de l'être organisé qui les rejette.

Mais ce tourbillon dont chaque être organisé est le centre, qui se meut dans son corps et autour de lui, et se compose d'élémens qui viennent prendre des combinaisons nouvelles et des formes organiques particulières, ou des matériaux qui se désorganisent, se désagrègent et se décomposent dans leurs premiers élémens; ce tourbillon peut être rapide, modéré ou lent, continu ou intermittent, actif ou tellement ralenti, qu'il paraît parfois suspendu. Les matériaux qui le composent peuvent être abondans ou rares, ils peuvent varier beaucoup en proportion dans chaque courant. En général, on peut affirmer que les besoins de la nutrition sont remplis par une force assimilatrice proportionnée à ces besoins : telle est celle qui convertit, ainsi que nous venons de le dire, dans la substance du papillon, à-peu-près toute la substance de la chenille, qui s'est enfermée dans sa chrysalide; telle est encore celle non moins étonnante qui transforme, sans résidu, le miel dont se nourrit le ver de l'abeille, dans les matériaux variés de son organisme. Mais ce tourbillon de matières, que la vie de chaque être met en mouvement, depuis la première apparition de son organisme individuel jusqu'à sa dissolution, produit entre les deux termes nécessaires de l'existence de tout corps organisé, la naissance et la mort, une triple série de changemens dans ses dimensions, dans sa forme et dans sa composition matérielle et organique.

Devenus plus ou moins sensibles à certains intervalles, à certaines époques de la vie, ces changemens sont tels, si l'on compare tout être organisé à lui-même, surtout si l'on prend pour point de comparaison les premiers instans du premier terme de la vie et les approches du dernier, qu'il n'en est aucun qui ne montre, sous les trois rapports que nous venons d'indiquer, des transformations que nous pourrons, sans exagération, appeler avec justesse de véritables métamorphoses.

Cette force organisatrice et conservatrice, qui rassemble et organise si rapidement les premiers matériaux du germe, et dont l'activité annonce, par ces effets merveilleux, le premier instant apparent de l'individualité organique; cette force qui domine avec tant d'énergie dans le premier âge de la vie, le tourbillon de matière organisable, qui accroît rapidement les dimensions, qui modifie les formes, qui fait varier la composition organique, qui change continuellement les tissus de tout corps organisé, n'est active que sous certaines conditions dans la composition matérielle et organique de ces tissus.

Il faut que le fluide nourricier, cette partie mobile contenue dans les capacités de tout organisme dans lequel la vie se manifeste, que la partie fixe de ce même organisme qui forme les parois plus ou moins solides de ces capacités; il faut, dis-je, que ces deux élémens nécessaires de toute organisation en action, soient dans des proportions dont les limites sont bien déterminées pour chaque être.

La force assimilatrice, et par suite les courans de composition et de décomposition du tourbillon nutritif et dépurateur sont, toutes choses égales d'ailleurs, d'autant plus actifs, que les tissus organiques sont plus mous, que la proportion des liquides organiques sur les solides y prédomine.

A mesure que le résultat inévitable de ces deux courans augmente les proportions des parties solides et fixes, sur les parties mobiles et fluides de l'organisme; à mesure que les capacités qui contenaient les fluides ou les liquides organiques en mouvement diminuent ou se comblent par cet accroissement continuel des parties solides; cette force organisatrice et conservatrice approche des limites où elle perd de son influence sur l'organisme matériel: au-delà de ces limites, cette influence diminue rapidement. Cette matière qu'elle dominait d'abord avec tant d'énergie, encombre de plus en plus l'organisme, elle résiste de plus en plus au mouvement de la vie et finit par l'arrêter.

Si nous analysons les divers changemens qui ont lieu, plus ou moins sensiblement, dans tout organisme, pendant la durée de son existence, pendant l'activité du tourbillon nutritif, de ce tourbillon formé de deux courans, l'un de composition, l'autre de décomposition, et qui finissent par amener son dernier terme, nous trouverons qu'ils peuvent se distinguer et se diviser encore plus que nous ne l'avons fait d'abord, en les classant dans trois catégories principales.

En effet ils se manifestent :

1° Dans la taille ou dans les différentes dimensions que prend successivement tout organisme individuel, depuis les très petites proportions d'un germe à peine perceptible, jusqu'aux limites si variables du volume assigné à chaque espèce. N'est-ce pas une remarquable, une étonnante métamorphose que celle de cet accroissement si caractéristique de tout corps organisé, durant un temps proportionné à la durée totale de sa vie, dont nous chercherons, avec Buffon, à étudier les rapports?

2° Cet accroissement est loin d'être uniforme dans toute l'étendue de l'organisme; certaines parties acquièrent, suivant l'âge, un développement proportionnel très différent; de là ces changemens dans les formes partielles ou dans la forme générale d'une même individualité organique. Lorsque ces changemens de forme sont très prononcés, ils caractérisent encore une véritable métamorphose.

3° L'apparition ou la disparition de certains organes, le développement ou le rapetissement d'autres organes, certaines modifications dans leur structure qui en produisent d'importantes dans leurs fonctions, introduisent dans la composition de l'organisme, à des époques déterminées de la vie, des changemens qui sont encore de véritables métamorphoses.

4° La composition organique élémentaire change elle-même beaucoup : celle de la première époque de la vie diffère considérablement de la composition élémentaire des âges suivans. MM. de *Mirbel* et *Mohl* ont découvert en partie, M. *R. Brown* a vu complètement, et M. *Schleiden* a démontré que de simples cellules contenant des granules, qui doivent se développer à leur tour en cellules, sont l'origine unique des autres organes élémentaires des végétaux.

Après plusieurs observations isolées, mais très précieuses, faites par plusieurs savans, M. *Schwan* est parvenu, dans un travail général, à la même démonstration sur l'origine des organes élémentaires ou des tissus plus nombreux et plus variés des animaux. La fibre nerveuse, la fibre musculaire, le tissu cellulaire, le tissu osseux, le tissu corné commencent par n'être composés que de cellules contenant des granules; les globules du sang sont des capsules de même ordre, de véritables cellules mobiles. Il se fait ensuite dans la forme, dans le développement de ces cellules et dans leurs différentes transformations en tubes allongés, en canaux, dans leur soudure pour former des vaisseaux, des changemens qui se passent dans le tissu intime de l'organisme, et dont la valeur n'a été bien appréciée qu'à la suite des observations les plus difficiles et les plus récentes sur ce sujet extrêmement important pour la physiologie.

C'est seulement depuis ces découvertes, dont les dernières ne datent que de 1838, qu'il est possible d'affirmer qu'il y a une sorte d'uniformité dans la structure des organes élémentaires des corps organisés; c'est sous ce point de vue unique et seulement à l'origine de la vie, que l'unité de composition est une vérité fondamentale, dont le génie a eu le vague pressentiment. Mais la forme, mais l'arrangement de ces cellules, mais la nature chimique des matériaux qu'elles renferment ou qui composent leurs parois, sont déjà très différentes dans les deux règnes; et d'autres différences qui nous échappent dans l'origine des êtres organisés, se manifestent par celles si multipliées que la durée de la vie, que l'accroissement qui en est la suite, produit dans les formes extérieures, et simultanément dans les organes élémentaires et dans les organes agrégés qui entrent dans la composition définitive de tout être vivant, parvenu à l'âge adulte.

5° La composition organique du fluide nourricier peut différer beaucoup aux différens âges de la vie. Aussi aurons-nous l'occasion de vous montrer de remarquables différences dans la forme et les proportions des globules du sang des fœtus de Mammifères comparées aux globules de l'animal adulte, ou même du jeune animal qui a respiré; nous en verrons aussi de très grandes, signalées d'un jour à l'autre par MM. *Prévot* et *Dumas*, dans leur beau Mémoire sur le développement du Poulet dans l'œuf.

6° Enfin, il se passe des changemens non moins étonnans dans le cours de la vie de tout corps organisé, relativement aux élémens qui entrent dans la composition de ses organes. Le ligneux finit par durcir tout végétal et par le dessécher, au point d'y faire disparaître le fluide nourricier indispensable à la continuation de sa vie.

Les sels calcaires, plus rarement la silice, encombrent les organes contractiles et irritables des animaux, y produisent de l'embarras dans l'exercice de ces facultés, qui va toujours en augmentant : ils finissent par rendre cet exercice impossible.

Telle est la vie matérielle et son tourbillon nutritif, telles sont les vicissitudes que produit ce tourbillon dans chaque organisme, tel est le terme inévitable de ces changemens.

Si le temps me permettait d'analyser encore avec vous, en ce moment, les phénomènes vitaux correspondant à ces changemens matériels; les modifications qu'éprouvent les fonctions de nutrition, celles de propagation, qui ne sont qu'une dépendance des premières, ainsi que nous le démontrons depuis quinze années dans nos cours; les fonctions enfin qui caractérisent plus particulièrement les animaux, la motilité et la sensibilité. Si nous pouvions, en ce moment, vous décrire les phénomènes de cette sensibilité, aboutissant au *moi* de l'animal pour l'avertir de ce qui se passe dans lui ou autour de lui; ou bien fixer votre attention sur les manifestations de ce *moi*, agissant chez les animaux sous la dépendance des impressions sensuelles et de l'instinct. Si nous pouvions élever vos méditations, comme nous espérons le faire dans la suite de ce cours, jusqu'au *moi* privilégié de l'espèce humaine, auquel seul il est donné de penser et d'agir avec une sorte d'indépendance des impressions des sens et des changemens matériels qui se passent dans son enveloppe si mobile, si variable, si changeante; nous arriverions peut-être à vous conduire, comme par la main, dans une sphère élevée de convictions que nous avons nous-même.

Après avoir comparé les vicissitudes incessantes de la matière organisée, nécessaires dans la vie actuelle de l'homme, aux manifestations de son intelligence, des pensées qui en émanent, avec le *moi* qui en est la source en quelque sorte inépuisable, de même que le soleil est la source inépuisable de la lumière; nous serions heureux de vous entendre dire, avec nous, que ce *moi* est quelque chose de plus durable, de plus parfait que cette matière qui tourbillonne autour de lui; et qu'un jour il sortira de sa chrysalide, comme le Papillon, pour prendre son essor et manifester des perfections qui le rapprocheront de la divinité dont il est une émanation.

L'étude des métamorphoses, pour en venir à la science que nous devons vous enseigner, sera susceptible d'applications nombreuses, qui serviront à éclairer plus particulièrement les différentes parties de l'histoire naturelle des corps organisés.

Les *changemens dans la forme générale*, dans celle de certaines parties, de certains organes extérieurs, intéressent en premier lieu la botanique ou la zoologie classiques, qui s'occupent des caractères différentiels des végétaux et des animaux, pour parvenir à les distinguer les uns des autres et à les classer par espèces, par genres, par familles, etc., etc.

Les *changemens dans la composition organique et chimique* intéressent la physiologie générale et particulière des êtres organisés. Ils montrent les conditions d'existence, la corrélation des vicissitudes dans les manifestations de la vie, avec les modifications dans la structure intime des organismes. Cette corrélation conduit à une juste appréciation des phénomènes de la vie, autant qu'ils dépendent des circonstances physiques et de la matière organisée.

Sans doute ce vaste plan, ce point de vue si important, qui embrasse tous les autres points de vue sous lesquels on peut envisager l'histoire naturelle des corps organisés; qui multiplie extraordinairement les sujets de comparaison, sources fécondes de nos raisonnemens, de nos jugemens, de nos déductions, sur cette science de la vie; qui lie en véritable faisceau toutes les connaissances dont se compose cette science; qui les embrasse et les circonscrit dans un cadre immense, comprendra beaucoup de cases qui sont encore vides, faute d'observations suffisantes mais les premiers efforts que j'ai faits l'an dernier, dans cette direction, ceux que je continuerai cette année, avec persévérance, auront peut-être pour effet de provoquer des recherches qui viendront peu-à-peu combler les lacunes qui existent en ce moment, et qui disparaîtront successivement avec l'allure rapidement progressive que la science a prise dans ces dernières années.

A présent je vais entrer dans quelques détails sur la marche que j'ai suivie dans les deux derniers semestres, et que je continuerai de suivre cette année, relativement au règne animal, par lequel j'ai dû commencer cette histoire générale des corps organisés. Ainsi que je l'ai déjà dit l'an dernier, je divise la vie animale en cinq époques, auxquelles nous rapporterons les principaux changemens organiques ou vitaux, dont je viens de vous analyser les différentes catégories, et de vous faire entrevoir les effets sur la vie, et leur application à son étude.

1° La première époque est la *vie embryonnaire* ou de développement dans l'œuf, ou d'évolution du germe : c'est encore l'époque d'*incubation*.

2° La seconde époque est la *vie d'éducation* ou de *premier développement externe*, de première enfance pour les animaux supérieurs ; la vie *mammaire* ou d'allaitement pour les Mammifères ; la vie durant laquelle, chez les Oiseaux, les petits sont nourris par les soins de leurs parens.

3° Vient ensuite la vie d'accroissement, la vie de *nutrition indépendante*, durant laquelle l'animal se procure lui-même sa nourriture.

4° Cet accroissement étant parvenu à un certain terme, l'animal, à la suite des métamorphoses générales ou particulières, entre dans la quatrième époque de la vie, celle de *propagation*. Cette quatrième époque termine plus ou moins rapidement son existence, ou bien elle se prolonge, en empiétant sur la cinquième et dernière phase de sa vie.

5° Sur celle d'*enveloppement*, dans laquelle les organismes s'encombrent de parties solides, dont la mesure, lorsqu'elle est comble, arrête le mouvement de la vie et amène irrévocablement son dernier terme.

J'ai développé dans mon discours d'ouverture de l'an passé quelques-uns des principaux caractères qui distinguent ces cinq époques de la vie animale, afin de donner, disais-je, à mes auditeurs, comme en perspective, une vue générale des principaux changemens que nous aurions à leur signaler.

Je reviendrai sur la première époque, dans la partie de ce discours où je traiterai du caractère actuel de l'histoire naturelle.

L'ordre que j'ai dû mettre dans l'exposition des faits est l'ordre zoologique ou classique.

Mais, en adoptant cet ordre, qui me paraissait indispensable pour montrer la science dans tout le développement dont elle est susceptible, en même temps que, dans tous ses rapports les plus importans et dans toutes ses applications les plus utiles, je me suis, pour ainsi dire, imposé une double tâche. En effet, je devrai traiter, en premier lieu, des caractères les plus permanens qui distinguent les groupes principaux ou les types, et les classes du règne animal, ainsi que les ordres dans lesquels on divise ces classes dans la *méthode naturelle*. Je devrai même descendre jusqu'aux familles, en prenant pour exemple une espèce remarquable, dont l'organisation, exposée en détail et décrite comparativement, puisse faire comprendre les caractères de plus en plus élevés des groupes succesivement plus généraux, auxquels elle appartient.

Sans doute, cette première tâche semblera rentrer dans le plan commun, dans le plan le plus généralement suivi des cours de zoologie. Mais, outre qu'elle nous fournira l'occasion de discuter les classifications les plus généralement admises, et la préférence que nous donnons à celle que nous adopterons; de poser et de soutenir les principes de cette préférence; nous serons encore amenés à vous faire connaître les derniers et les principaux progrès de la science de l'organisation, en choisissant, pour les exemples propres à vous démontrer cette organisation, les travaux les plus saillans qui l'auront mise au jour d'une manière satisfaisante.

Ainsi, dans cette première partie, nous nous efforcerons de vous présenter une revue critique et philosophique des derniers progrès de la zoologie classique et physiologique. Tel doit être le but principal, le but élevé d'un cours sur l'histoire naturelle des corps organisés fait dans cet établissement.

Remarquez d'ailleurs que, ces caractères les plus permanens et à-la-fois les plus complets dans les formes et les structures qui servent à distinguer les groupes de la *méthode naturelle*, nous les trouverons dans l'*âge adulte*, qui est en même temps l'*âge de propagation*, ou notre quatrième époque de la vie.

Observez encore que cette époque des formes et des structures définies des organismes, dont les germes qui en naissent ne sont, pour ainsi dire, qu'une dérivation, nous servira de point de départ, de point de comparaison, soit pour remonter aux trois époques qui la précèdent, et d'abord à la première ou à celle du développement du germe dans l'œuf; soit pour passer à la cinquième époque, celle d'enveloppement.

J'espérais l'année dernière, en suivant cette marche bien arrêtée, pouvoir étudier successivement toutes les classes du *règne animal;* l'abondance des matières et les progrès incessans de la science ne m'ont permis d'exposer, ainsi que je l'ai déjà dit, que les *caractères* et les *métamorphoses* des classes qui composent les deux *Types inférieurs de ce règne.*

Nous avons successivement passé en revue celui des *Zoophytes*, et les sept classes dont il se compose, c'est-à-dire celles :

1° Des Spongiaires ou des Protopolypes,
2° Des Polypes,
3° Des Acalèphes,
4° Des Echinodermes,
5° Des Animalcules homogènes ou polygastres,
6° Des Animalcules rotifères,
7° Et des Intestinaux.

Puis le *Type des Mollusques* et les six classes dans lesquelles se divise, qui sont celles :

1° Des Acéphales tuniciers,
2° Des Acéphales brachiopodes,
3° Des Acéphales testacés,
4° Des Céphalés gastéropodes,

5° Des Céphalés ptéropodes,

6° Et des Céphalopodes.

Ces treize classes ont absorbé toutes mes heures d'entretien, sauf celles que nous avons consacrées, en premier lieu, à traiter des caractères les plus généraux de la vie, chez les êtres qui en jouissent, et plus particulièrement de ceux qui distinguent l'animalité.

Il me resterait donc, pour compléter l'histoire de tout le règne animal, considéré sous ce grand point de vue des vicissitudes de la vie, à étudier avec vous cette année, dans le nombre de leçons que je suis appelé à vous donner durant les deux semestres d'hiver et d'été :

I. Le *Type des animaux articulés*, dans lequel viennent se ranger les six classes,

1° Des Cirrhopodes,

2° Des Annelides,

3° Des Insectes,

4° Des Myriapodes,

5° Des Arachnides,

6° Des Crustacés.

II. Nous passerons ensuite à l'histoire du *Type des animaux vertébrés* et à celle des quatre classes dont il se compose, c'est-à-dire :

1° Des Poissons,

2° Des Reptiles,

3° Des Oiseaux,

4° Et des Mammifères.

Il suffit de nommer ces classes pour pressentir tout l'intérêt dont leur histoire, considérée sous le point de vue de ce cours, sera susceptible.

Enfin l'homme, auquel Dieu a donné de comprendre les merveilles de la création, l'homme dans lequel les naturalistes routiniers ne voient qu'un animal vertébré et plus particulièrement un Mammifère, en ne considérant que ses caractères organiques; l'homme dont les facultés intellectuelles et morales le mettent bien au dessus de ces manifestations imparfaites de l'intelligence qui caractérisent les êtres les plus rapprochés de lui, fera en dernier lieu le sujet suprême de nos études sur les principaux changemens matériels et phénoménique qui caractérisent les cinq époques de la vie animale, et sur leurs rapports.

Cette longue tâche, cette tâche difficile, nous était imposée, il nous le semble du moins, et par les vues élevées et philosophiques qui doivent prévaloir, autant que possible, dans les enseignemens du Collège de France, et par le caractère actuel prédominant de l'étude des corps organisés.

C'est par un *Essai*, où je chercherai à vous exposer ce caractère actuel prédominant de la science des corps oaganisés, que je terminerai cette introduction, en vous traçant les principaux traits d'une rapide esquisse sur cette science, telle qu'elle se montre en ce moment, tel qu'un enseignement supérieur doit la transmettre.

ESSAI

SUR

LE CARACTÈRE ACTUEL DE L'HISTOIRE NATURELLE

DES ÊTRES ORGANISÉS.

DEUXIÈME LEÇON D'INTRODUCTION,

DU 18 DÉCEMBRE 1841.

Ce deuxième entretien aura pour objet de vous tracer *une esquisse du caractère actuel* de *la science des êtres organisés*, de vous en indiquer du moins les traits principaux, afin que vous puissiez vous faire d'avance une idée de l'esprit qui présidera à cet enseignement, et qui sera, s'il en est possible, un fidèle reflet de cette science, un miroir dans lequel vous distinguerez facilement le caractère principal de sa physionomie actuelle.

La connaissance de l'organisation, disons-le tout d'abord, est devenue depuis près d'un demi-siècle, le sujet principal des études multipliées qui ont été faites sur l'*Histoire naturelle des corps organisés*, le premier but, le caractère prédominant de cette science.

C'est aussi dès cette époque que datent les progrès immenses qui l'ont élevée de nos jours au point culminant où nous devons la présenter à vos regards, l'offrir à vos méditations. En effet, l'organisation étant la première condition de la vie, la machine plus ou moins compliquée au moyen de laquelle chaque existence individuelle reçoit les influences du monde extérieur et réagit sur lui, le foyer dans lequel brûle avec des phénomènes variés à l'infini, la flamme de la vie; il était facile de prévoir que la connaissance de plus en plus étendue et approfondie de cette organisation deviendrait la source féconde, le fondement solide de toutes les vérités qui composeront un jour la science si compliquée et si difficile des corps vivans. C'est dans l'intervalle de 1795 à 1805 que cette heureuse révolution fut consommée relativement au règne animal. Dans la suite de ces dix années, l'*anatomie comparée* fut en effet constituée, pour la première fois, en un corps de doctrines, par le grand CUVIER; aussi bien dans ses enseignemens, dont le succès le plus éclatant répondait à tout l'intérêt que devait exciter une science nouvelle, d'une aussi haute portée; que par les publications successives faites avec la collaboration de deux amis dévoués, des volumes qui en présentaient pour la première fois, d'un manière complète les élémens coordonnés.

La partie classique de l'Histoire naturelle des animaux, je veux dire celle qui consiste à nommer, à décrire et à disposer par groupes les êtres naturels, celle qui est la clef de toutes les autres connaissances que nous pouvons acquérir sur ces êtres, ressentit immédiatement l'influence vivifiante de la création d'une science qui la touchait de si près. A cette époque, de laquelle date une ère nouvelle en histoire naturelle, les serviles imitateurs de Linné avaient limité la zoologie, comme la botanique, à une sèche nomenclature et à une description le plus souvent obscure et équivoque, par son laconisme exagéré; malgré les exemples si dignes d'être imités des *Daubenton* et des *Pallas*, malgré les considérations élevées, sans parler des tableaux pleins de charmes, de l'immortel BUFFON.

La disposition des animaux par groupes de plus en plus décomposés, depuis la classe qui était le plus compliquée de ces groupes, jusqu'à l'espèce, qui en présentait l'abstraction la plus simple, était loin d'exprimer leur nature. L'anatomie comparée n'ayant pas encore fait connaître cette nature, pour la plupart d'entre eux, par une comparaison rationnelle et satisfaisante de leur organisation, cette disposition ne pouvait être le tableau fidèle de leurs rapports.

Le créateur de l'anatomie comparée fut frappé immédiatement de toutes ces imperfections de la *Zoologie classique*. Il s'efforça, à la même époque, où il constituait la science que nous venons de nommer, où il montrait dans cette science les ressemblances et les analogies organiques des animaux, aussi bien que leur innombrable diversité, de les classer dans son *Tableau élémentaire*, suivant ces ressemblances ou ces analogies. Il donnait ainsi un premier exemple d'une application complète à la Zoologie classique, de la méthode naturelle si glorieusement établie, pour la Botanique, par A.-L. de Jussieu, dans le *Genera plantarum secundùm ordines naturales disposita*; dont la première publication, qui fut aussi une très importante révolution dans la science des végétaux, a la date singulière de 1789.

Nous l'avons dit ailleurs, il y a presque exactement quinze années, nous l'avons répété dans plusieurs autres occasions solennelles, et nous le proclamons encore ici avec une conviction de plus en plus profonde, les véritables progrès qu'a faits de nos jours la science des êtres organisés, datent de ces deux applications si rapprochées de la méthode naturelle à l'un et à l'autre règne organique.

Dès le moment où l'on ne s'est plus borné à les classer d'après certains caractères extérieurs de convention, dont on ne cherchait pas même à apprécier la valeur; dès le moment où l'on a posé en principe, qu'il fallait les grouper d'après l'ensemble de leurs véritables rapports ou d'après leur nature; on provoquait, par là même, des recherches continuelles sur cette nature et sur ces rapports, qui devaient nécessairement conduire à des découvertes nombreuses, à des améliorations correspondantes dans la disposition méthodique des êtres naturels.

Tel est le propre, tel est le caractère si remarquable de la *Méthode* dite *naturelle*. C'est essentiellement une méthode de progrès, d'améliorations et de perfectionnemens, soit qu'elle les provoque, soit qu'elle les adopte à son profit.

Mettez à la place une classification artificielle ou de convention, dans laquelle on réunit dans une même classe, d'après quelques caractères organiques, le nombre des étamines par exemple, tous les êtres qui ont ces caractères, sans s'enquérir ultérieurement de leur influence sur la nature de ces êtres, sans rechercher les autres circonstances propres à vous la révéler. Ayez au contraire l'idée restreinte que donnait cette singulière définition de la Botanique adoptée dans des ouvrages faisant autorité; qu'une plante étant donnée, il ne s'agit que de trouver le nom qu'elle porte chez les botanistes : vous aurez la confiance illusoire que la science ne consiste qu'à compter exactement le nombre des étamines pour connaître la classe du végétal dont on cherche le nom; puis le nombre des pistils pour trouver l'ordre auquel cette plante appartient; enfin quelques autres dispositions de nombre, de position et de forme dans la corolle, la tige et les feuilles, pour découvrir en définitive le nom de genre et celui d'espèce qu'elle porte dans les catalogues méthodiques, dernier but d'une science encore dans l'enfance.

Dans quelle immobilité stérile ne serait-elle pas restée pour ainsi dire enchaînée, si la méthode naturelle n'était venue l'animer de sa flamme créatrice et vivifiante.

Cette méthode sera pour l'Histoire naturelle ce que la machine à vapeur deviendra pour les nations de la terre; elle y introduira l'unité; avec cette différence que, dans le dernier cas, ce sera une unité d'intérêts et de lumières, et par suite de sentimens; tandis que, dans le premier, ce sera une unité de lumières et une unité de vues dans une science définitivement constituée, marchant de progrès en progrès.

J'espère que cette courte explication me fera pardonner une comparaison qui aurait pu avoir un air prétentieux et étranger à mon sujet.

Je prie d'ailleurs que l'on se garde de conclure, par l'exemple de système sexuel que j'ai cité, que je veuille déprécier ici, le moins du monde, les immenses services qu'a rendus à toutes les sciences naturelles l'immortel Linné; que je méconnaisse un instant la grandeur de son génie et la puissante influence qu'il a eue sur les progrès de ces sciences, au moment où il en a pris et dirigé d'une main ferme la dictature unique. Le système sexuel avait son temps marqué d'utilité générale et d'existence scientifique. Les classifications des animaux, adoptées par Linné, comprenaient une foule d'aperçus vrais, pressentis par son génie, plutôt que démontrés, et dont la science plus avancée a su apprécier l'exactitude.

Je ne compare ici que les suites, que les conséquences inévitables de deux principes de classification. L'artificiel, le conventionnel avait son époque passagère d'utilité, pour tirer du chaos la science des êtres naturels ; mais il la constituait immobile.

Celui de la méthode naturelle a l'avantage immense de la placer dans la voie du progrès et de l'y faire marcher indéfiniment, en ranimant à chaque amélioration, le feu qui la fait mouvoir dans cette direction.

La tendance à l'unité, à la fusion des idées, que cette méthode doit produire, paraîtra peut-être un paradoxe, ou, du moins, un espoir tout-à-fait illusoire, à ceux qui ne jugent cette méthode, que par les caractères actuels très variés des classifications zoologiques.

Mais déjà ma proposition est incontestable pour la botanique. Tous les maîtres de la science actuelle, à quelque nation qu'ils appartiennent, dans quelque partie de la terre qu'ils aillent observer les végétaux, s'efforcent de les rapporter au principe des familles naturelles; et de perfectionner, par les observations de détails les plus rationnelles sur leur organisation, les caractères, le nombre et la place de ces familles, reconnues en premier lieu dans le code de la science, le fameux *Genera plantarum,* que nous avons déjà cité comme le point de départ de tous les perfectionnemens dont la botanique se glorifie de nos jours.

Les botanistes peuvent être encore incertains sur les rapports de quelques familles ou de quelques genres, par la nécessité d'observations plus complètes ; mais le principe de la connaissance de ces rapports, que le temps et les sujets d'observation feront découvrir, dirigera toujours les recherches, qui amèneront ces perfectionnemens et ces progrès.

Un jour que je m'entretenais avec l'illustre auteur des familles naturelles, de l'immense service que sa méthode de classification avait rendu à la science, il me répondit avec cette modeste réserve et ce confiant abandon qu'admiraient en lui ceux qui avaient le bonheur de l'approcher, et qui est toujours le cachet de la vraie science : « Les divisions supérieures de ma méthode

(les classes) pourront être modifiées ; mais les familles resteront ». C'est qu'en effet certains caractères de cette méthode, qui ont servi à distinguer les classes sont loin d'avoir une assez grande valeur pour constituer en groupes aussi élevés les quinze divisions qu'ils caractérisent ; c'est peut-être qu'il aurait fallu reconnaître, en premier lieu, deux types ou deux plans principaux d'organisation, celui des végétaux cellulaires et celui des végétaux vasculaires, ainsi que l'a fait plus tard le célèbre De Candolle, dont les naturalistes de tous les pays portent dans leur cœur le deuil récent.

Un petit nombre de sous-divisions de ces types aurait formé les classes indiquées d'ailleurs, dans la méthode de Jussieu, par l'absence ou la présence des cotylédons et par leur nombre. A la suite de cette réforme, les noms des premiers groupes de la méthode prendraient dans les deux règnes des acceptions, et une valeur correspondantes.

A en juger par les ouvrages de zoologie classique, qui servent de direction aux enseignemens de cette science, elle semblerait moins avancée, moins complètement définie que la botanique, malgré le principe universellement adopté par les zoologistes, comme par les botanistes, qu'il faut s'efforcer de classer les êtres naturels d'après l'ensemble de leurs rapports ; et que les animaux présentent dans leur organisme des caractères subordonnés, qui doivent servir à reconnaître les groupes également subordonnés de la méthode naturelle.

Je n'ai pas à m'expliquer ici sur les causes actuelles et passagères de ces dissentimens, de ces variantes dans les classifications, qui dépendent des esprits plus ou moins justes, logiques et éclairés qui les proposent. Seulement j'exprimerai qu'il est vivement à regretter que celui qui avait tenté, le premier, d'appliquer à la classification des animaux le principe de la méthode naturelle ; que l'auteur du *Règne animal*, que l'homme de génie qui avait eu, dès 1812, l'aperçu si vrai, si fondamental des quatre types ou des quatre plans d'organisation qui divisent naturellement ce règne, n'ait pas vécu assez longtemps pour perfectionner son œuvre. La puissante autorité de son génie aurait été un utile moyen de répandre et de faire reconnaître généralement la méthode dont il aurait amélioré lui-même avec bonheur les détails, à la suite des nombreuses découvertes que nous avons eu soin de vous signaler, l'an dernier, sur l'organisation compliquée des classes inférieures.

A cette occasion, je chercherai à vous faire comprendre ce qui, dans la nature même de la botanique et de la zoologie, fait que les classifications de l'une sont uniformes et généralement adoptées; tandis que celles de l'autre sont encore surchargées, je dirais presque entourées d'une foule de variantes, selon les pays, les nations, les établissemens d'instruction publique et, pour ainsi dire, les enseignemens particuliers. Les machines végétales n'ayant, dans l'exercice de la vie, que la seule fonction de nutrition à remplir, soit générale pour l'accroissement de tout individu, soit partielle, pour la propagation de l'espèce, devaient être simples et peu variées, sauf dans les formes extérieures qui modifient leurs rapports avec le sol, l'air ou l'eau.

Les machines animales, au contraire, ont une très grande complication, une complication infiniment variée et proportionnée à l'exercice des fonctions de sensibilité et de mobilité, que les animaux ont de plus que les végétaux, et dont ils jouissent à des degrés bien différens. Ajoutez que ces deux fonctions de relation dominent celles de nutrition et de propagation de toute leur influence, les modifient et les compliquent. Cet animal, qui a des sens pour apercevoir le danger, recèle dans son intérieur la plupart des organes conservateurs de son individualité et de celle de l'espèce. C'est aussi à l'abri des lésions extérieures que réside l'organe du sens interne.

C'est donc dans la profondeur de son organisme qu'il faut en étudier les détails. Et quand cet organisme est transparent comme un cristal et mou comme une gelée; lorsqu'on ne peut distinguer ces organes que par des nuances dans cette transparence, ou par de légères différences de couleur; lorsqu'à ces difficultés que présentent un grand nombre de zoophytes, vient se joindre la nécessité de les observer vivans, d'aller les chercher dans les eaux de la mer, ou celle de leur petit volume, comme celui des *animalcules rotifères* ou des *animalcules homogènes*, qui échappent à l'œil nu, on ne sera pas étonné des incertitudes qui ont long-temps existé sur les organismes de ces animaux et sur leur place dans la méthode naturelle. On aura lieu au contraire d'admirer la science actuelle, qui est parvenue à nous éclairer à l'égard de beaucoup d'animaux inférieurs sur l'un et l'autre de ces points intéressans, et qui répand chaque jour sa lumière sur ce piquant sujet d'études.

En résumé, les découvertes nombreuses, incessantes, journalières de la science actuelle de l'organisation, montrent les améliorations à introduire dans la première application de la méthode naturelle à la classification des animaux; et, quelque variés que soient les aperçus et les jugemens auxquels ces découvertes donnent lieu sur leurs rapports naturels, le sens commun des naturalistes, à défaut d'un dictateur, ne peut manquer, tôt ou tard, de s'emparer de la direction de la science et de faire prévaloir la vérité.

La science de l'anatomie comparée, conduisant immédiatement à l'idée et à l'application de la méthode naturelle, et celle-ci provoquant des recherches incessantes et comparées sur la nature des êtres à classer, devaient puissamment contribuer à avancer de concert la connaissance de cette nature ou la *physiologie*.

Les conditions organiques de la vie ont été étudiées et analysées dans chacun des appareils d'organes, remplissant une de ces grandes manifestations de l'existence, la *nutrition* et la *propagation*, qui sont communes à tous les corps organisés; la *motilité* et la *sensibilité*, qui caractérisent particulièrement les animaux. Dès-lors, il n'a plus été indispensable d'épier un animal dans la succession des époques et des actions de sa vie, pour en connaître la plupart des circonstances les plus générales.

L'étude de ses organes, de ces instrumens qui lui ont été donnés par le Dispensateur suprême de toute existence, a suffi pour en comprendre, pour en décrire les phénomènes, conséquences nécessaires des arrangemens organiques déterminés, suffisamment appréciés.

Ce n'est pas le lieu d'exposer, en détail, tous les progrès que l'histoire naturelle physiologique des corps organisés, celle plus particulièrement des animaux, a faits depuis cette impulsion que lui a donnée l'anatomie comparée.

On a cherché d'abord à bien déterminer quel était, dans la série animale, l'organe ou l'appareil d'organe remplissant une de ces grandes fonctions de la vie. On a bientôt voulu remonter, par l'analyse, au caractère le plus général, le plus universel qui distingue cet appareil.

On s'est appliqué à comparer les modifications infinies que présente ce même appareil dans ses formes, dans sa composition et dans sa complication, avec les phénomènes qu'il produit. On a pu étudier les rapports, la liaison de toutes les circonstances de forme et de structure, de chacune de ces étonnantes machines et leurs actions, servant à la nutrition, à la propagation, aux mouvemens, à la sensibilité des animaux. Ainsi l'anatomie comparée, en se constituant, a pris immédiatement une tendance, une direction, un caractère physiologique.

A l'imitation du grand Haller, le fondateur de cette science a fait entrer dans son cadre toutes les parties de l'organisme; c'est-à-dire non-seulement les solides dont l'anatomiste étudie la texture avec son scalpel; mais encore les liquides et surtout le fluide nourricier, qui a une si grande part dans le mécanisme de la vie, et qui n'occupait peut-être pas encore, dans ce cadre, une place proportionnée à l'importance du rôle qu'il remplit.

Nous nous sommes efforcés de la lui donner dans la nouvelle édition des Leçons; tandis que les anthropotomistes, et *Meckel* lui-même, dans son système d'anatomie comparée, ne lui réservent aucune place, n'en font aucune mention.

Relativement aux *fonctions de nutrition*, beaucoup de circonstances d'organisation mécanique, pour la transformation de la matière brute en matière organisée, ou pour la transposition de la matière organisée d'un organisme dans un autre, ont été décrites et appréciées.

Quant aux inconstances chimiques concernant la composition élémentaire des corps vivans, comparée à celle des matériaux de leur nutrition, la chimie organique actuelle vient d'en tracer le tableau résumé, sans parler de la brillante exposition du professeur, avec une précision de calculs qui montre jusqu'à quel degré de perfection elle a pu s'élever de nos jours.

N'oublions pas cependant que l'anatomie comparée, à l'instant même où elle se constituait comme science, montrait cette chimie vivante, pour ainsi dire en perspective, dans toute son importance et ses plus grandes généralités. Elle exprimait au sujet des appareils de la sensibilité et de la motilité chargés de ces fonctions caractéristiques des animaux : « que l'état des organes est sans cesse « altéré par leur action, puisque cette action n'est pas une sim- « ple impulsion, mais qu'elle consiste essentiellement dans un « changement chimique de composition. Qu'il fallait que l'ani- « mal eût des moyens d'en reprendre dans les corps qui l'envi- « ronnent ce qu'il perd par l'exercice de sa vie, et de rétablir « dans chacun de ses organes, la composition de repos que l'ac- « tion altère, et qui est cependant nécessaire pour fournir de « nouveau à cette action......

« Les matériaux de la nutrition des animaux, exprimant en- « core cette science naissante de l'organisation, sont l'air et les « divers fluides élastiques qui s'y trouvent mêlés, l'eau et une « partie des substances qui s'y trouvent dissoutes ; mais surtout « les corps déjà organisés, soit animaux, soit végétaux, lesquels « sont eux-mêmes composés dans leur plus grande partie, de « substances susceptibles de prendre la forme des fluides élas- « tiques, soit en se dégageant de certaines combinaisons, soit en « y rentrant.

« On sait aujourd'hui, ajoutait encore cette anatomie physio- « logique, par les découvertes de la chimie moderne, avec quelle « facilité ces diverses substances s'unissent ou se séparent, et « quelle prodigieuse variété offrent les propriétés des différens « composés qu'elles forment. Cette connaissance nous donne « une idée générale de tout le jeu de la nutrition, et nous fait « concevoir comment, avec si peu d'élémens, cette fonction peut « sans cesse reprendre et entretenir des organes dont sa compo- « sition est si différente.

« Cependant son pouvoir n'est pas indéfini, et il est resserré « dans des bornes dont il est difficile de concevoir la raison (1). »

Ces dernières lignes, écrites comme les précédentes déjà en

(1) G. Cuvier, *Leçons d'anatomie comparée*, tome III, p. 1, 2 et 3. Paris, 1805.

1805, ne sembleraient-elles pas faire allusion, si on ne connaissait pas cette date, aux dernières recherches sur l'alimentation, dont un rapport célèbre de M. Magendie, lu tout récemment à l'Académie des sciences, a fait connaître les piquans résultats, qui semblent poser, d'une manière précise, les bornes de ce pouvoir limité d'alimentation et de nutrition départi aux animaux.

La science actuelle de l'organisation démontre que cette nutrition a deux degrés dans tous les corps organisés. Le premier est la conversion des substances alimentaires en fluide nourricier : c'est celui que nous désignons plus particulièrement sous le nom d'alimentation. Le second degré de nutrition est celui par lequel tous les organes prennent dans le fluide nourricier de quoi augmenter leur propre substance, réparer leurs pertes, ou fournir à leurs sécrétions.

La science actuelle observe et décrit non-seulement la composition élémentaire du fluide nourricier; mais elle analyse encore, au moyen du microscope, tous les élémens de sa composition organique et toutes les élaborations qu'ils subissent, dans les animaux supérieurs, pour passer de l'état informe qu'ils montrent encore dans le chyle et la lymphe, à l'état d'organisation et de séparation complète du sang artériel. Elle fait voir dans les globules du sang et la matière colorante qu'ils renferment, la forme primitive de toute organisation, la cellule avec le germe d'autres cellules ou leur noyau.

Nous reviendrons tout-à-l'heure sur cette forme primitive, en vous parlant de ce que la science actuelle nous apprend sur l'origine et sur la composition comparée des organismes et de leurs organes élémentaires. Je vous prie, en ce moment, de fixer votre attention sur ce rapport important, que je vous signale en passant, entre la forme des élémens organiques du fluide nourricier et la forme primitive de tout organe élémentaire; sur son influence dans une nutrition active et normale; sur le travail d'élaboration qu'exige cette organisation du fluide nourricier, et sur les conséquences que l'on doit en tirer relativement au rôle si essentiel que joue le sang dans la nutrition. Qui pourra, dans les sciences pratiques, dans les sciences d'application, ne pas y découvrir la nécessité d'avoir toujours cette considération en vue dans les directions hygiéniques, ou dans le traitement des maladies de l'homme et des animaux domestiques?

La nutrition des corps organisés et l'accroissement qui en résulte ne se fait pas dans toutes leurs parties par intus-susception; mais quelques-unes de ces parties croissent, jusqu'à un certain point, à la manière des corps bruts, par juxtaposition, ou par des couches successives de la matière qui entre dans leur composition, et qui viennent s'ajouter et se placer successivement l'une derrière l'autre, ou l'une dans l'autre. Tels sont les poils, les ongles, les cornes creuses, l'épithélium, les coquilles des mollusques, le test des crustacés; les écailles, les plaques, les boucliers des tégumens de divers animaux; les dents enfin. Mais il faut remarquer que ces couches successives sont transsudées par la surface d'un organe qui croît par intus-susception. Ajoutons que, malgré leur insensibilité, elles ne sont pas composées d'une matière informe, comme on l'a cru long-temps.

La science actuelle a fait connaître en détail les canaux des dents, les cellules des cornes et des ongles à l'origine de ces organes; celles des formes très variées de l'épithélium, dans les surfaces si diverses, si multipliées où les curieuses recherches de MM. Purkinje, Henle, Gluge et Breschet, Flourens, ont découvert cet organe protecteur; les canaux spiraux de l'épiderme, continuation des canaux excréteurs de la sueur.

La science actuelle démontre conséquemment, dans les parties insensibles qui croissent, en quelque sorte, par juxtaposition, une organisation déterminée pour chacune d'elles, organisation qui provient, en premier lieu, de la partie sensible à la surface de laquelle elle se moule. Mais il se passe dans ces couches de cellules ou de canaux ainsi juxtaposées et organisées, des changemens de composition qui conduisent, en dernier lieu, à la notion d'une sorte de nutrition par intus-susception.

La science actuelle a donc singulièrement restreint, précisé, modifié les deux caractères d'accroissement que la science des années précédentes avait cru pouvoir assigner entre les parties sensibles des animaux. Elle n'avait, pour arriver à cet important résultat par le raisonnement, qu'à comparer ce qui se passe dans les couches ligneuses d'un tronc d'arbre dicotylédoné, qui sont déposées les unes sur les autres; mais qui éprouvent ultérieurement un travail de composition organique ou de nutrition par intussusception, qui les durcit en augmentant les proportions de la matière ligneuse.

Il fallait ensuite des observations multipliées, difficiles, faites avec une grande habitude du microscope, pour le constater. MM. *Schleiden* et *Schwann* sont allés plus loin dans leurs recherches sur l'origine des tissus organiques des végétaux et des animaux, et dans les conséquences qu'on peut en tirer pour l'intelligence de la grande fonction végétative, ou de nutrition et d'accroissement des corps organisés. En étudiant les dégradations successives ou les analyses par lesquelles les organismes se dépouillent peu-à-peu, dans la série animale, de la composition compliquée des animaux supérieurs, pour arriver à celle des animaux dits inférieurs, la science récente était parvenue à l'idée la plus simple de l'organisation, celle d'une agrégation de cellules dans lesquelles se meut un fluide nutritif. Nous avions conclu, à la fin de notre premier cours au Collége de France, qui avait eu pour objet la structure *intime des plantes et des animaux*, que les êtres inférieurs des deux règnes semblaient se rapprocher, par une structure identique, par ce dernier terme de l'organisation, l'agrégation de cellules que nous venons d'indiquer. Nous trouvions en même temps dans la contractilité que manifeste la paroi de la cellule animale et qui a été refusée, suivant nous, à la cellule végétale, la différence la plus générale entre les végétaux et les animaux; et nous en avions cherché la cause dans une composition élémentaire bien différente de l'une et de l'autre. Nous avions indiqué dans une circonstance bien antérieure, la grande proportion du carbone dans les végétaux, comme la cause composante de leur fixité, et celle de l'azote chez les animaux, comme montrant du moins une coïncidence remarquable avec leur motilité.

A l'occasion des sécrétions en général, nous avions montré le simple tube biliaire ou urinaire de l'insecte, transformant à travers ses membranes, le fluide nourricier en contact avec sa paroi externe, dans la bile ou dans l'urine que nous trouvons à la paroi interne de ce même tube. Nous avions cru découvrir, dans ces parois, dans celles des cellules qui composent tout l'organisme des végétaux et des animaux les plus simples, et dans le fluide qu'elles renferment, le siége de tout le mystère des affinités de composition de la vie végétative.

Dans une autre occasion déjà ancienne, puisqu'elle date de 1799 (permettez-moi de vous le dire, pour vous convaincre du moins que ce n'est pas d'hier que celui qui est chargé de vous enseigner l'histoire naturelle des corps organisés, médite sur cette matière si importante), nous parlions d'attractions vitales, pour désigner les actions moléculaires qui ont lieu dans des corps vivans, et qui nous semblaient déterminées par l'arrangement de leurs parties, et par la composition intime de ces parties.

Nous faisions sentir que ces attractions diffèrent dans les différens êtres organisés, chez le même être dans ses différens organes, et dans le même organe suivant les différens temps de la vie; et que la composition des organes d'un être vivant dépend, d'une part, de leur arrangement primitif, et de l'autre, des corps extérieurs qui ont modifié cet être dès sa naissance (1).

Voyons à présent jusqu'à quel point les études actuelles sur l'organisation intime des végétaux et des animaux, comparées aux différens âges de la vie et dans les différens organes, ont confirmé, expliqué et précisé les propositions qui n'étaient alors déduites qu'*a priori*.

Les travaux de MM. *de Mirbel*, *Adolphe Brongniart*, en France, *Robert Brown* et *Slackt*, en Angleterre, *Mohl*, *Meyen* et *Schleiden*, en Allemagne, sur les parties élémentaires des végétaux; ceux de MM. *Purkinje*, *Valentin*, *Henle*, et, en dernier lieu, ceux très multipliés et très concluans de M. *Schwann*, sur les parties élémentaires des animaux, ont prouvé que ces parties élémentaires, quelque différentes qu'elles se montrent ultérieurement, ont pour forme primitive une cellule. On a même suivi les premières traces du développement de cette cellule originelle, dans une substance d'abord sans structure sensible, qui prend

(1) *Réflexions sur les corps organisés.* Mag. Encycl., par A. L. Millin, tome III, n. 12 de brumaire an VIII (1799), page 462.

bientôt une apparence grenue, se compose plus tard de corpuscules arrondis qui sont des noyaux de cellules, ou des centres d'activité formatrice, autour desquels s'élèvent et s'accroissent les parois de chaque cellule. Ces parois, ajoute la science actuelle, sont chimiquement différentes dans les différentes espèces de cellules, et dans les cellules de même nature, la composition chimique varie avec l'âge.

D'après *Schleiden*, les parois des plus jeunes cellules des plantes sont solubles dans l'eau; plus tard, la membrane qui constitue ces parois devient insoluble dans le même liquide. M. *J. Müller*, qui rapporte cette observation, aurait pu ajouter les résultats des analyses chimiques de M. Payen, qui ont démontré la présence de l'azote dans la cellulose des jeunes plantes.

Il est facile de voir, ajoute la science actuelle, que ces cellules sont de petits organes dans lesquels résident les forces qui président à la résorption et à la sécrétion.

Sur toutes les surfaces absorbantes, on trouve de semblables cellules qui constituent l'épithélium qui recouvre ces surfaces; elles entourent les villosités intestinales (ces radicules intérieures des animaux), et sont comparables aux spongioles qui garnissent les radicules des plantes.

Tous les canaux excréteurs des glandes sont pourvus de semblables cellules d'épithélium.

Toutes ces cellules exercent sur le fluide nourricier, ou sur la substance qui renferme les germes encore informes des cellules, une action chimique, à distance, qui détermine les sécrétions.

Le fluide nourricier arrive, par différentes voies, suivant les complications organiques, dans la sphère d'action des cellules qui composent les organes de sécrétion. C'est dans ces cellules que siège le principe modificateur qui change le fluide nourricier dans les produits si variés et si nombreux des sécrétions, dont la nutrition, nous l'imprimions il y a trente-six ans, n'est qu'une section.

Vous remarquerez, Messieurs, par ces quelques traits, jusqu'à quel point l'étude approfondie de l'organisation a reculé ses limites, a perfectionné de nos jours l'étude de la vie végétative des corps organisés, et quel lien on peut trouver entre les idées ou les propositions de la science qui naissait il y a plus de huit lustres et celles de la science actuelle.

Si nous considérons de même, sous ce double point de vue, les progrès que l'étude de l'organisation a fait faire à cette partie de la physiologie qui s'occupe des *fonctions* mystérieuses de *propagation*, nous aurons lieu également de nous applaudir du degré de perfection auquel elle est arrivée, malgré les difficultés des expériences et des observations qui seules pouvaient l'avancer.

La génération bisexuelle, sinon pour les individus, du moins pour les organes, découverte dans un grand nombre de zoophytes, est devenue si générale, que la science actuelle ose présumer que ce mode de génération est commun à tous les animaux se multipliant par le moyen d'un œuf complet, c'est-à-dire d'un œuf composé d'un vitellus, d'une vésicule de Purkinje et de la tache germinative de Wagner.

Ce sont les spermozoïdes, qui paraissent être aussi essentiels à la composition de la semence que les globules le sont à la composition du sang, qui ont mis sur les traces de ces découvertes successives de l'organe sécréteur de l'élément mâle du germe.

On a fait, dans ces derniers temps, la singulière découverte que l'élément femelle ou l'ovule est formé dans l'ovaire des mammifères, déjà vers la fin de la vie fœtale ou intra-utérine. Ce développement continue jusqu'à l'âge de propagation, où les ovules, suffisamment préparés pour devenir des œufs, arrivent successivement à maturité et sont poussés par le travail de la nutrition, de l'intérieur de l'ovaire à sa surface, où ils pourront recevoir l'influence dynamique et matérielle de l'élément du germe, que le mâle leur fournira.

L'action réciproque de ces deux élémens, soit qu'elle ait lieu avant, durant ou après la ponte, est donc nécessaire, indispensable, en général, pour le complément de l'œuf, de l'œuf contenant un germe. Cet œuf fécondé, je l'appelle un germe libre, parce que, même dans les mammifères, il se détache du lieu où il a été formé, pour passer en liberté et sans adhérence jusque dans l'utérus; et que, dans tous les cas, il n'y a jamais continuité de la substance de ce germe ou de ses productions nutritives, mais seulement contiguité, avec celles de son parent; tandis que cette continuité existe dans le germe adhérent ou le bourgeon.

Des observations de M. Dutrochet, qui datent de 1815, complétées par celles de M. Cuvier, qui sont de 1817, ont montré la plus grande ressemblance de composition entre l'œuf des mammifères et celui des ovipares.

Dans ces derniers temps, on a découvert, ainsi que je l'ai déjà dit, que tout œuf complet, dans le règne animal du moins, se compose, même avant la fécondation, d'une sphère vitelline ou nutritive, comprenant une sphère transparente plus petite, ayant à l'un des points de sa surface une tache, indice probable d'une troisième sphère concentrique, dans laquelle les premiers linéamens du germe paraîtront après la fécondation.

Les changemens qui s'opèrent dans ces diverses sphères, ont été observés et suivis dans un grand nombre d'animaux, avec un soin et une persévérance proportionnés à l'intérêt de ces recherches.

Le développement successif, les métamorphoses rapides que subit le germe jusqu'au moment de son éclosion, étudiées d'abord, mais pour le poulet seulement, par *Malpighi* et le grand *Haller*, ont été observés de même avec une grande sagacité, et une louable persévérance dans presque toutes les classes d'animaux, par un grand nombre d'anatomistes ou de physiologistes. MM. Prévot et Dumas avaient donné cette utile direction à la science de l'organisation, déjà en 1842, relativement à l'embryogénie des Oiseaux et des Batraciens. Plus tard en 1827, 1828 et 1839, on a dû à M. *Baer* un travail sur le développement des Oiseaux, qui a montré d'une manière complète, et le rôle que jouent dans ce développement, les différentes parties de l'œuf, et l'évolution du germe, depuis ses premiers linéamens jusqu'à la clôture de son organisme, par la formation de ses tégumens; la décomposition du blastoderme en membrane sérieuse et en membrane muqueuse; la première apparition de l'axe nerveux cérébro-spinal, et la germination autour de cet axe du système sanguin et du cœur, du canal alimentaire, des organes des sens, des membres, des organes de sécrétion et de génération, et enfin des tégumens.

Cette merveilleuse évolution du germe dans l'œuf, que j'ai

déjà eu l'occasion de vous décrire, du moins pour ce que la science en a placé dans ses plus récentes annales, relativement aux Zoophytes et aux Mollusques, est une partie essentielle des métamorphoses des animaux articulés et des vertébrés, que je dois vous faire connaître dans ce cours.

Je n'insiste pas en ce moment sur les faits nombreux concernant cette partie si intéressante de la science actuelle des corps organisés, ni sur les noms des savans auxquels on en doit la découverte. Nous nous empresserons, dans nos leçons, de rendre pleine justice à tous, de les signaler à votre reconnaissance; mais en même temps nous pèserons à leur juste valeur et avec toute l'impartialité de l'historien, les services exagérés.

Une des circonstances les plus importantes qui caractérise, en ce moment, la science de l'organisation relativement aux animaux, circonstance qui distingue éminemment l'époque actuelle, est la découverte, dans les animaux dits inférieurs, d'une complication organique dont on était loin de se faire une idée il y a peu d'années.

Ce sont les travaux si remarquables de M. *Ehrenberg*, qui ont mis sur cette voie de progrès.

Nous avons eu l'occasion de vérifier, dans nos démonstrations de l'an passé, l'exactitude d'un assez grand nombre de descriptions de ce savant et laborieux scrutateur de la nature, sur l'organisation compliquée des animalcules Rotifères; elles ne nous ont paru exagérées dans aucune partie.

Il y a dans ces animaux demi transparens, une puissance musculaire bien remarquable, surtout dans les organes merveilleux qui produisent, lorsqu'ils sont actifs, les apparences d'une roue qui tourne.

Des yeux, et conséquemment des organes spéciaux de sensibilité, font supposer l'existence d'un système nerveux, dont on voit en effet des traces, composé de ganglions et de nerfs qui en partent ou qui s'y rendent.

L'appareil alimentaire commence par des mâchoires qui sont mues au moyen de très forts muscles. Enfin l'appareil de génération semble se composer des organes sécréteurs des deux sexes.

On a pu distinguer dans l'œuf de ces animalcules toutes les

parties qui caractérisent un œuf complet, et suivre dans l'oviducte l'évolution du germe; et cependant ces animaux si complètement organisés n'ont que $\frac{1}{3}$, $\frac{1}{20}$, $\frac{1}{30}$ de ligne.

Le même M. *Ehrenberg*, a fait connaître, dans les *Méduses*, des détails d'organisation qui élèvent aussi d'une manière surprenante, pour la science des années qui viennent de s'écouler, la complication organique de ces animaux. Il leur a reconnu des organes de vision qui font comprendre leurs voyages, le mystère de leur migration et de leur apparition régulière dans certains parages, à des époques déterminées. Les appareils tégumentaires et de préhension de l'hydre d'eau douce ont été décrits par M. *Corda* avec un détail minutieux, dont nous avons vérifié, en grande partie, toute l'exactitude. M. Krohn a découvert les nerfs des Holothuries, dont la description manquait dans la monographie d'ailleurs si parfaite du célèbre Tiedemann. MM. *Gaudichaud*, *Eydoux* et *Souleyer* découvraient, pendant leur voyage sur *la Bonite*, dans les Mollusques Ptéropodes et dans plusieurs Hétéropodes, deux capsules présumées auditives et annexées aux ganglions inférieurs du collier nerveux, pendant que M. Siebold, de Dantzig, observait un organe analogue dans plusieurs acéphales testacés, mais sur la détermination duquel il restait incertain. Ce n'est que dans des recherches subséquentes, faites l'année dernière, que ce savant a adopté pour ses premières observations, les déterminations des trois naturalistes français que nous venons de citer, auxquelles il faut ajouter celles de MM. Ponchet et Laurent, pour la découverte du même organe auditif dans la *Limace grise*. Les belles monographies de M. Milne Edwards sur les *Ascidies composées*, et sur un genre nouveau d'Acalèphe; de M. Doyère, sur les *Tardigrades ;* de M. de Quatrefages, sur les *Synaptes*, sont venues confirmer l'idée de cette plus grande complication organique dans des animaux, méconnus jusque-là sous ce rapport intéressant.

Une autre circonstance caractéristique de la science actuelle, c'est la découverte des métamorphoses ou des changemens de forme, de structure et de genre de vie que subissent un certain nombre d'animaux dits inférieurs, pour arriver à leur forme définie ou à leur état parfait.

Les prétendus œufs mobiles des éponges, ces proto-polypes, et de beaucoup de polypes, sont de véritables larves, jouissant à cette seconde époque de leur vie, de la faculté locomotrice, qu'elles perdront lorsqu'elles passeront à l'état transitoire de chrysalide, pour prendre leur forme définitive, celle qui caractérise la classe, l'ordre, la famille, le genre et même l'espèce à laquelle elles appartiennent.

Tous les caractères qui distinguent ces différens groupes, obscurs, confondus ou même cachés dans leur état de larve, où les Éponges et les Polypes jouissent cependant de cette locomotilité si remarquable, qui indique une perfection dans la vie, se dessinent seulement à la troisième et à la quatrième période de leur existence.

Les *Corynes* et les *Sertulaires* parmi les Polypes, plusieurs *Méduses*, observées par MM. *Lowen*, *Sars*, *Siébold*, éprouvent des métamorphoses bien surprenantes, suivant les récits détaillés de ces observateurs zélés. Leurs observations, on ne peut plus intéressantes, ont fait le sujet de plusieurs de nos entretiens de l'an passé. De nouvelles et toutes récentes recherches de M. *Sars*, qui confirment et développent ses premières découvertes et celles de M. *Siébold*, mériteront de vous être communiquées prochainement, comme complément des premières, dans un rapide résumé du cours précédent, destiné à servir de transition au cours actuel et à compléter cette introduction.

Nous venons de voir qu'après avoir étudié l'organisation dans le but de classer les êtres organisés d'après leurs véritables rapports, dans celui non moins utile de connaître les instrumens de leur vie et d'expliquer leur jeu si varié, la science actuelle, et c'est un de ses caratères les plus remarquables, a cherché à comparer les organismes à eux-mêmes, aux différentes époques de leur existence.

Le but de ces recherches, qui ont servi si puissamment à ses rapides progrès, a sans doute beaucoup varié, avec les vues très différentes des nombreux investigateurs de la nature organisée.

Les uns les ont entreprises sans vues théoriques préconçues, mais uniquement dans l'espoir que les moyens d'investigation perfectionnés, que l'emploi surtout du microscope, de cet instrument source merveilleuse de si remarquables découvertes, mais aussi de si nombreuses erreurs, leur dévoilerait des circonstances d'organisation inaperçues jusqu'à présent. C'est dans cet espoir qu'on a cherché à approfondir la structure intime, la structure primitive des organes élémentaires, de la fibre nerveuse et de la fibre musculaire, de la fibre ou de la lame cellulaire ; qu'on a étudié et comparé la structure intime des organes agrégés, aux différens âges de la vie, surtout à l'époque commençant l'existence, durant laquelle l'organisme paraît en travail de formation ; qu'on a cherché à comparer les organismes des différentes classes, afin de mieux déterminer leurs analogies ou leurs ressemblances.

A plusieurs de ces égards, sans doute, des vues théoriques ont servi d'autre part à provoquer, à diriger même les recherches. Mais, au lieu de nuire à la science, elles ont étendu ses limites, en provoquant des contrôles, des vérifications qui ont servi à mieux faire connaître l'organisation et le rôle si varié qu'elle remplit dans les phénomènes de la vie. C'est par suite de ces vues qu'on est parvenu, en comparant les organes agrégés, les glandes en particulier des fœtus, ou du jeune âge des animaux vertébrés, à mieux approfondir leur structure.

Ces nombreuses investigations, qui ont conduit à tant de précieuses découvertes, ont été faites, pour la plupart, à l'aide du microscope. Elles ont été dirigées à-la-fois sur la composition entière des organismes, que l'anatomie n'a plus vu seulement et si incomplètement dans les solides, mais dans lesquels elle a dû comprendre les liquides de différente nature qui les pénètrent.

Ces recherches ont eu pour sujet, nous le répétons, l'analyse successive des organes agrégés, des organes élémentaires, des élémens organiques, observés à tous les âges de la vie et chez un grand nombre d'espèces d'animaux ou de végétaux. Je renvoie en ce moment, pour la connaissance détaillée de ces intéressantes et dernières investigations microscopiques, qui caractérisent la science actuelle, à un savant tableau que vient d'en publier à Stuttgart, M. le docteur Otto *Koestlin,* en choisissant de préférence celles qui ont contribué à avancer la physiologie de l'homme.

C'est à ces incessantes, à ces nombreuses, à ces persévérantes investigations microscopiques, que l'on doit la découverte de l'*unité de composition organique élémentaire*, dont j'ai déjà parlé, bornée cependant à l'origine de tout corps organisé. Mais les transformations successives qu'amène le progrès du travail organisateur de la vie, arrangent bientôt en organes élémentaires plus compliqués ces cellules, qui composent tous les organismes à leur naissance. Elles ne tardent pas à se dessiner chez les animaux en filets nerveux, en fibres musculaires, en fibres ou en lames cellulaires; et ces trois organes élémentaires qui forment encore, comme le démontrent les découvertes les plus récentes, une sorte d'unité de composition pour l'immense majorité des organismes des animaux, annoncent par leur développement et par leur disposition variés à l'infini, qu'il y avait déjà dans ces cellules qui en sont l'origine, une diversité que l'œil le plus exercé, le mieux armé, n'avait pu suffisamment apprécier.

Les organes élémentaires s'agrégeant bientôt de mille manières dans les organismes définis, composent cette immense diversité qui constitue, en réalité, l'ensemble des corps organisés; diversité qui était nécessaire pour remplir les rôles, si admirablement variés, que l'ORDONNATEUR SUPRÊME de l'économie générale de la nature a assignés, dès l'origine des temps, à chacun des êtres sortis de sa main toute puissante, par sa volonté créatrice.

www.ingramcontent.com/pod-product-compliance
Ingram Content Group UK Ltd.
Pitfield, Milton Keynes, MK11 3LW, UK
UKHW012107240726
13965UKWH00004B/1602

9 782013 074117